创意服装设计系列

成衣设计

U0247492

李　正　丛书主编

唐甜甜　朱邦灿　周玲玉　编著

化学工业出版社

·北京·

本书从成衣的概念、成衣设计的基本法则、成衣设计的灵感与手法、成衣设计定位、成衣品牌分析、成衣设计展示点评等方面，进行了专业性的论述，为读者学习成衣设计专业知识奠定了基础。

本书资料翔实、图文并茂，由浅入深、循序渐进，既适合作为高等院校服装专业的教学用书，又可以作为服装高等、中等职业学校师生及从事服装工作的专业人员和广大服装爱好者的专业参考书。

图书在版编目 (CIP) 数据

成衣设计 / 唐甜甜，朱邦灿，周玲玉编著 . —北京：
化学工业出版社，2019.3
（创意服装设计系列 / 李正主编）
ISBN 978-7-122-33665-1

Ⅰ．①成… Ⅱ．①唐… ②朱… ③周… Ⅲ．①服装设计 Ⅳ．① TS941.2

中国版本图书馆 CIP 数据核字（2019）第 004584 号

责任编辑：徐　娟　　　　　　　　　　　　装帧设计：卢琴辉
责任校对：边　涛　　　　　　　　　　　　封面设计：刘丽华

出版发行：化学工业出版社（北京市东城区青年湖南街 13 号　邮政编码 100011）
印　　装：天津图文方嘉印刷有限公司
787mm×1092mm　1/16　印张 10　字数 200 千字　2019 年 6 月北京第 1 版第 1 次印刷

购书咨询：010-64518888　　售后服务：010-64518899
网　　址：http : //www.cip.com.cn
凡购买本书，如有缺损质量问题，本社销售中心负责调换。

定　　价：68.00 元

两句话

"优秀是一种习惯",这句话近一段时间我讲得比较多,还有一句话是"做事靠谱很重要"。这两句话我一直坚定地认为值得每位严格要求自己的人记住,还要不断地用这两句话来提醒自己。

读书与写书都是很有意义的事情,一般人写不出书稿很正常,但是不读书就有点异常了。为了组织撰写本系列书,一年前我就特别邀请了化学工业出版社的编辑老师到苏州大学艺术学院来谈书稿了。我们一起谈了出版的设想与建议,谈得很专业,大家的出版思路基本一致,于是一拍即合。我们艺术学院的领导也很重视这次的编撰工作,给予了大力支持。

本系列书以培养服装设计专业应用型人才为首要目标,从服装设计专业的角度出发,力求理论联系实际,突出实用性、可操作性和创新性。本系列书的主体内容来自苏州大学老师们的经验总结,参加撰写的有苏州大学艺术学院的老师、文正学院的老师、应用技术学院的老师,还有苏州市职业大学的老师,同时也有苏州大学几位研究生的加入。为了本系列书能按时交稿,作者们一年多来都在认认真真、兢兢业业地撰写各自负责的书稿。这些书稿也是作者们各自多年从事服装设计实践工作的总结。

本系列书能得以顺利出版在这里要特别感谢各位作者。作者们为了撰写书稿,熬过了许多通宵,也用足了寒暑假期的时间,后期又多次组织在一起校正书稿,这些我是知道的。正因为我知道这些,知道作者们对待出版书稿的严肃与认真,所以我才写了标题为"两句话"的"丛书序"。在这里我还是想说:优秀是一种习惯,读书是迈向成功的阶梯;做事靠谱很重要,靠谱是成功的基石。

本系列书的组织与作者召集工作具体是由杨妍负责的,在此表示谢意。本系列书包括《成衣设计》《服装与配饰制作工艺》《童装设计》《服装设计基础与创意》《服装商品企划实务与案例》《女装设计》《服饰美学与搭配艺术》。本系列书的主要参与人员有李正、唐甜甜、朱邦灿、周玲玉、张鸣艳、杨妍、吴彩云、徐崔春、王小萌、王巧、徐倩蓝、陈丁丁、陈颖、韩可欣、宋柳叶、王伊千、魏丽叶、王亚亚、刘若愚、李静等。

本系列书也是苏州大学艺术研究院时尚艺术研究中心的重要成果。

苏州大学艺术研究院副院长　李正

2018 年 7 月 8 日

前　言

　　"衣、食、住、行"是人类生活的四项基本需要，或者说是人类生活的四大支柱。"衣"是指服装，服装是人们维持生活的必需品之一，成衣属于服装这一大范畴。成衣发展至今已成为人类社会服装行业的重要组成部分。加入世界贸易组织以来，我国成衣业蓬勃发展并逐渐成为全球成衣供应的重要基地，其规模已呈现出前所未有之势。成衣是人类社会服装模式上的主流，是人们日常生活中不可缺少的一部分。

　　近年来，我国的高等服装教育发展迅速，这与我国的经济发展有着直接的关系，努力搞好我国的服装教育是每一位服装教育工作者的职责。本书以培养成衣设计专业应用型人才为首要目标，力求理论联系实际，旨在通过传递成衣设计基础专业知识，从而启迪读者的独立思考和创新能力；从成衣设计专业教学角度出发，坚持理论与实践相结合，全面而翔实地阐述成衣设计基本理论知识与学习方法，从而培养读者进行独立思考、自主原创的创意设计能力。在内容方面，为突出实用性与直观性，书中精选了大量的设计案例，便于读者能够更加直观、系统、全面地了解与运用书中内容。本书可以作为服装设计、服装工程、服装表演与设计等大中专院校服装专业的教学用书，也可作为成衣设计公司、设计工作室内部培训的参考书。希望本书能对成衣设计教学课程的完善有所帮助，并对服装设计专业的学生和服装爱好者有所启迪。

　　本书在编著时，尽量做到既内容全面，又言简意赅，具体分工是唐甜甜负责第一至第三章；朱邦灿负责第四章、第五章；周玲玉负责第六章。

　　在本书编著过程中，苏州大学艺术学院和文正学院的各位领导给予了极大的关心和实质性的支持，李正教授还为本书的编著提出了具体的设想和参考内容，并给予了具体的指导；同时，艺术学院服装系的很多教师都积极参与了本书的组织与策划工作，在此表示衷心的感谢。另外要特别感谢的是苏州大学钱志良老师和蒋晓峰老师、苏州职业大学张鸣艳老师、湖州师范学院徐催春老师、苏州大学王巧老师、苏州大学王小萌老师、合肥师范大学宋柳叶老师以及苏州大学研究生杨妍、刘文海、李细珍、汤子昕、严晔辉、王冰源、徐倩蓝、陈颖、韩可欣、吴彩云、赵世强、吴颖、徐慕华、李晓宇、王胜伟、张夏同学等。本书第六章中部分设计案例选自苏州大学艺术学院、苏州大学文正学院艺术系、苏州大学应用技术学院的学生作品。

　　由于编著者时间仓促加之水平有限，本书的内容还存在不足之处，恳请读者给予批评指正，这样也便于我们再版时加以修正。

编著者

2018 年 11 月

目　录

目 录

第三章　成衣设计的灵感与手法 / 048

第四章　成衣设计定位 / 082

目　录

第一章
成衣概述

"衣、食、住、行"是人类生活的四项基本需要，或者说是人类生活的四大支柱。"衣"是指服装，服装是人们维持生活的必需品之一，而成衣属于服装这一大范畴。成衣发展至今已成为人类社会服装行业的重要组成部分。成衣除了具有蔽体、御寒等现实的保护作用外，还有装饰人体和美化人体的功能，更有满足遮着、炫耀、伪装、表现等微妙的心理需求的作用。正如"一千个人心中有一千个哈姆雷特"，成衣的审美需求与着装选择促成了成衣风格多元化的特征。

研究成衣的出现、功能和演变以及今天成衣生产的发展，对于人类生活、社会进步与文明都有着十分重要的意义和作用。在所有的动物中，只有人类能自己裁剪缝制衣服，并将此发展成批量生产的成品服装。成衣作为现代人们活动和工作的一种生活用品，有着它自身的属性和特点，这是其他物品所无法代替的，而行业术语里的成衣产业则是服装现代化的产物。由于成衣属于标准化、统一化生产的产品，因此其消费群体并不是单独的个体。纵观中外，成衣的发展历程不长，主要经历了萌芽、出现、发展、转折及黄金期。本章主要就是从宏观的角度来认识、把握成衣。

第一节　成衣的相关概念

近年来我国服装行业发展迅猛，特别是成衣行业。改革开放后服装行业发展迅猛，宁波市奉化区江口街道现有以罗蒙为龙头的服装企业200余家。1997年，我国继续保持世界第一服装生产大国的地位，全年服装生产量超过90亿件（套），出口创汇逾270亿美元。近年来，我国形成了一批年产500万件（套）以上的高档次、高水平的企业，相当一部分企业设计能力和制作工艺水平在质量方面达到或超过了国际标准，一些国际著名品牌的服装均由中国企业制作，并涌现出一批受到广大消费者认可的知名服装品牌。其中成衣占据了服装品牌生产、销售的很大一部分比重。成衣相对于高级时装而言成本较低，有着广泛的市场，并存在巨额利润空间，这便促使了包括著名时装师在内的众多服装设计师纷纷加入成衣设计的领域。像瓦伦蒂诺、皮尔·卡丹、依夫·圣·洛朗、拉格菲尔德、三宅一生等时装大师们，一方面引领潮流不断地创造新款流行时装，另一方面为普通大众营造了雅俗共赏的成衣时尚。于是，成衣行业就如同快餐业般普及风行，成为当今人们日常着装的首要选择。

服装是基于人们的生活需要所应运而生的产物，发展至今经历了漫长的岁月。与其相关的概念也随之诞生并被赋予新的时代特点和含义，而成衣的概念是近代才被提出的。我国的服装教育体系正在走向成熟，而成衣与服装等基本概念的混乱会给服装语言的交流、服装学科的研究、服装理论的提高等带来很大的障碍。为避免成衣与相关概念的混乱，我们有必要对成衣相关的一些概念进行确认和统一。

1. 成衣

"成衣"是近代在服装工业中出现的一个专业术语。成衣指近现代出现的按标准号型批量生产的成品服装。这是相对于在裁缝店里定做的服装和自己家里制作的服装而出现的一个概念。现在服装商店及各种商场内出售的服装一般都是成衣。其英语一般为ready-to-wear，ready-made clothes；法语为Vêtement。

成衣属于工业产品，其生产讲究机械化、产品规模系列化、标准化、统一化。成衣也是现代社会发展的产物，它得益于工业与科技的推动作用，从而使工厂能够快速批量地生产，以满足市场所需。

生活中任何一件成衣都包含款式、色彩、图案、材料这四个元素，并附有标牌、吊牌、洗水唛等标识。简单地说，成衣是工业化的商品，用来满足社会各阶层的需求，是面向大众的产品。

2. 成品

"成品"，也称为产成品，是指完成规定的生产和检验流程，并办理好入库手续等待销售的产品；也指企业已经完成全部征税过程并已验收入库、合乎标准规格和技术条件，可以按照合同规定的条件送交订货单位，或者可以作为商品对外销售的产品。

在服装加工企业中，一件成衣在经过一道或几道零部件制作工序过程后仍需加工的产品可称为半成品。而最后整体完成可用于销售的成衣则可称为成品服装。

3. 衣裳

"衣"一般指上衣，"裳"一般指下衣，即上衣下裳。有关衣裳的定义，可以从两方面理解：一是指上体和下体衣装的总和，《说文解字》中有"衣，依也，上曰衣，下曰裳"；二是指按照一般地方惯例所制作的衣服，如民族衣裳、古代新娘衣裳、舞台衣裳等，也特指能代表民族、时代、地方、仪典、演技等特有的衣服。其英文一般为costume，clothing，clothes。

4. 衣服

衣服是穿在人躯体上遮蔽身体和御寒的物品，今泛指身上穿的各种衣裳服装，但在古代还包括头上戴的帽子类。其英文简称为clothing，clothes。

5. 服装

服装可以从两方面理解。一方面，服装是"衣裳""衣服"的一种现代称谓。服装有时候等同于"成衣"或"衣服"。同样的，成衣有"衣服""服装"的含义，如服装厂、服装店、服装公司等，其中"服装"均可用"衣服"或"成衣"来置换，特别是现在，用"成衣"来更替"服装"这两个字更为确切。但"服装"在我国使用广泛，在很多人的头脑中，"服装"是衣服的同一名词。另外，人们习惯上把那些流行倾向不大明显，在相当一段历史时期内穿用都不过时的常规性衣服或成衣称作服装，以区别于时装。另一方面，与广义上的"服饰"一词一样，服装是指人类穿戴、装扮自己的行为，是人着装后的一种状态。换言之，即这种状态是由人、衣服和着装方式三个基本因素构成，而这三个因素又都是可变的，任何一个因素的变化，都会形成不同的着装状态。其英文一般为garments，apparel，clothing。

6. 服饰

服饰是指衣着与装饰品（clothing and ornament），或服装与装饰品（apparel and ornament）的总称。

7. 时装

时装是指在一定时间、空间，为相当一部分人所接受的新颖入时的流行服装，也可以理解为时髦的、时兴的、具有鲜明时代感的流行服装。它是相对于历史服装和在一定历史时期内相对定型的常规性服装而言的变化较为明显的新颖装束，其特征是流行性和周期性。英文简称haute couture。

现在人们为了赶时髦，或出于经济上的目的，把原来的服装店、服装厂、服装公司改为时装店、时装厂、时装公司。如果说这些词汇、概念随着时代的变迁也有流行性的话，那么，"衣裳""衣服"就是过时的，"服装"是新中国成立以后才普遍使用的，"时装"则是比较流行的时髦术语。国际服饰理论界认为，"时装"至少包含三个不同的概念，即mode，fashion，style。

mode，源于拉丁语modus，是"方法、样式"的意思。与mode相似的词还有vogue，vogue也有"样式"的意思，在某种程度上，它是指那些比mode还要领先的最新倾向的作品。

fashion，一般译为"流行"，指时髦的样式，还包含"物的外形""上流社会风行一时的事物、人物、名流"等意思。作为服饰用语，fashion与mode还指大批量投产、出售的成衣或其流行的状态。

style，源于拉丁语stilus，指古人在蜡板上写字用的铁笔、尖笔。style还有"文体、语调"等意，作为文学用语，最初用来指作家的文体、文风等，后来逐渐演变为表现绘画、音乐、戏剧等艺术形式的用语，以后又涉及建筑、服装、室内装饰、工艺等文化领域，被译为"风格""式样"，还用来表现人物的姿态、风度、造型等。

8. 成衣设计

在"服装设计"这个大的概念下，剥离出"成衣设计"与"时装设计"两个范畴，是有一定现实意义的。成衣设计是以市场的运行规律为基础的，所以它必须具有设计理性化的特点。从宏观的角度讲，成衣设计方案的评估标准，不能以设计者的个人爱好为主，它要同时接受五个方面的测试，即市场学、流行学、社会心理学、材料学和人体工学。这五个学科都是应用型学科，并且不同程度地具有相对的研究方法和系统性。成衣设计的形式风格要服从于流行学的流变规律，要尊重零售学的"游戏规则"，成衣设计师要具有社会心理学的知识和意识，设计的形式还要遵从材料的机能性和人体工学的要求和需要，这五个学科纵横交织，构成了成衣设计的逻辑和规律，也形成了成衣的设计构成学。

成衣设计是以市场的运行规律为基础，以市场需求为导向的设计，不能简单地仅凭设计师的主观判断来设计。成衣设计是成衣销路的关键，必须以消费者的反应来评定产品的成败，所以在学习成衣设计之前要先了解成衣工业的特性，全面正确地理解成衣设计的本质。

第二节　成衣的起源

"成衣"是近代服装行业中的专业术语，可以说，人们日常穿着的大多数服装都属于成衣，但"成衣"一词，一般用于强调和区别非工业化生产的服装，是较为专门化的表述形式。

成衣作为服装大概念下的一个重要组成部分，它的设计及属性相比较于服装，已发生很大的变化。成衣依托于机械化的大工业，凭借着批量化生产的可塑性，成为了服装市场的主流产品。为了更好地理解成衣，我们需要了解成衣的历史，正所谓"知史以明鉴，查古以至今"。纵观成衣发展的整个过程，成衣的发展并不是一帆风顺的，也经历了萌芽、出现、转折及黄金时期。本节详细阐述了成衣的起源，从成衣的出现、成衣发展的转折期、我国成衣业发展现状这三个角度展开分析。

"成衣"这一词汇的出现，是相对于"时装"而言的。成衣最初的出现，缘于服装界最高地位的高级时装日益让位于高级成衣的过程，服装的贵族化也就逐步被大众倾向的、批量生产的成衣化代替。工业化生产奠定了成衣设计上的现代主义、国际主义风格——简洁明快的、高度功能化的、平民化的适合于机械大生产的服装风格。

一、成衣的出现

成衣的历史并不遥远，它是近代随着机械化大工业的出现和发展才出现的一种生产现象。

成衣最先出现于18世纪70年代的欧洲，由巴黎一家裁缝店始创。而在此之前，17世纪中后期欧洲较早就出现了服饰配件如领巾、帽子、手套、鞋子、女用胸衬的"成衣"化生产。服饰配件一定批量的生产开创了成衣生产的先河，为其奠定了基础。

真正意义上的成衣生产始于19世纪。19世纪初，欧洲资本主义近代工业兴起——工业革命开始普及。英国人托马斯·逊特发明了手摇链式线迹缝纫机；19世纪30年代，法国人巴特勒米·西蒙纳制造了第一台有实用价值的链式线迹缝纫机；50年代，美国人胜家发明了第一台电动缝纫机，并成立胜家缝纫工厂，大量生产新的缝纫机。缝纫机开始走进人们的生活。由于工厂导入缝纫机设备，使得成衣批量化生产进入新的发展期，同时化学染料、人造丝的发明也推动了成衣的快速发展。

这个时期，成衣在欧洲的发展并不乐观，阶级差别把人分为多个等级，每个等级对于着装的要求有着法律方面的严格规定。服装的样式明确传达出人们在社会中所处的阶级以及具体角色，并且服装的装饰性大于功能性。此时的社会大环境不适合成衣的发展。

1858年，英国人查尔斯·弗雷德里克·沃斯（Charles Frederick Worth）在巴黎开设了第一家高级时装店，开创了高级定制的先河。沃斯创造性地摸索出一套高级时装的设计、经营与为顾客定制的方法，并形成以高级时装设计师个人命名的时装屋，为法国的高级时装文化首开先河，沃斯也成了高级时装工作体制的创始人。沃斯于1872年、1898年设计的舞会长裙与婚纱礼服，如图1-1、图1-2所示，现真品存于纽约大都会博物馆（the Metropolitan Museum of Art）。

图1-1　沃斯于1872年设计的舞会长裙

图1-2　沃斯于1898年设计的婚纱礼服

随后高级时装店在巴黎掀起了热潮，其主要服务的对象是上层社会的名流。高级定制开始在欧洲、美国成为上层人士的主流。至1867年为止，沃斯时装店已拥有1200多名职员并向全世界出口服装。

法国因高级时装的支配地位，其成衣业的发展相比于美国、英国和德国缓慢落后。

在19世纪40年代，美国成衣的需求量由于西部的淘金热而大增。牛仔裤就是伴随着淘金热而诞生的。由于牛仔裤当时是为淘金工人所设计的，最初的剪裁十分宽大，以便于工人活动，裤子上的每个细节都是为工人考虑的，如图1-3所示。

图1-3　19世纪40年代时的牛仔装

劳动者、种植园奴隶以及许多单身汉都需要便宜的服装。但这时的服装很大程度上还停留在并不规范的和很多手工制作的"批量制造"，制作仓促且很不合体。之后缝纫机的发明和南北战争大大推动了成衣生产。妇女们来到中心地区工作，为士兵制作军服，经过集中努力，逐步建立了标准化的尺度系统，又被公众所接受。1880年，男装成衣业已经基本确立。女式服装的生产最早记载大约在1859年，当时的统计数字说明，总共有5379名工人主要从事女式外套、披巾和有裙撑的裙子的生产。19世纪80年代和90年代，从事服装工业生产的工人主要是东欧移民，其中多数人在他们的国家已经学会了裁剪技能。90年代连衣裙的需求增加大大推动了女式成衣业的发展。到了1900年，2070家女式服装厂总共雇用了96000名工人。

美国早期的成衣制作通常承包给妇女，让她们在家里缝制。一些公司有自己的工厂，但是这些"内部"车间的工作条件极其恶劣，工人的生活环境肮脏、工作时间很长、工资收入低微。美国当时的服装业整体上都默默无闻，从制造商到裁缝师都并不像后来那样有影响。相反，法国进口的时装则影响较大，形成了当时人们追求与抄袭的潮流。

二、成衣发展的转折期

第一次世界大战后，以美国为首掀起了世界范围的女权运动，引起了服装界的巨大变革，使服装由装饰性产品转向功能性产品。女性解放的浪潮，使得职业妇女人数剧增。男女平等的思想使当时越来越多的女性走出家庭进入社会工作，因此产生了大批经济独立的女性。外出工作的收入足以使女性生活自立，但也因此使她们自己缝制衣服的时间大大减少了。于是女性开始求助于成衣的供给，成衣市场便得到了发展。正是由于妇女在社会中工作的缘故，需要有适应工作的功能性强的实用女装，所以出现了上班服、工作服之类的机能性的服装。这只是改变的开端，富于机能性的女装在女性生活中的确立，标志着服装的成衣化向前迈出了坚实的一步。

第二次世界大战（以下简称二战）进一步推进了女装的变化与发展。二战前，女装就已经出现缩短裙子和夸张肩部的机能化倾向。战争爆发后以及整个战争期间，女装完全变成了一种实用性很强的男装化的现代样式，如图1-4、图1-5所示。

图1-4　二战后男装化的女装样式

图1-5　二战时期机能化的女装样式

20世纪40年代开始了成衣的快速发展。二战的爆发促使女装完成了历史性的转变，并形成了女装现代着装国际惯例。美国成衣业战后发展较快，并逐步形成了一套标准化的号型系统，对后来全世界的成衣服装有深远影响。

20世纪50年代，在高级时装达到巅峰状态的同时，成衣产业也在发展，且已具备了成衣生产体系。1954年已出现了成衣的词语和概念。当时一些前卫设计师已敏锐地看到了成衣业对高级时装的冲击，比如时装设计师杰奎斯·菲斯（Jacques Fath）、皮尔·卡丹（Pierre Cardin）。

20世纪60年代，风靡全球的"年轻风暴"强制性地改变了人们的世界观、价值观和审美观。包括上层阶级的女性在内，西方世界女性的着装观全面受到这股反体制、反传统的全新思想的冲击和洗礼。年轻一代给服装业输入了活力、自由和平民意识，从而使世界各地的女性不必再紧盯着巴黎高级时装，她们可根据自己的喜爱、个性和体形，自由选择组合服装，时代的潮流为之一变。法国巴黎的高级时装业在"五月革命""年轻风暴""罢工浪潮"下受到严重打击，许多高级时装店纷纷关闭。高级时装一统天下的局面彻底告终。在高级时装业遭受严重打击，穷途末路之际，高级成衣业蓬勃兴起，从此历史进入了高级成衣时代。这标志着当时整个社会体制的大变动，服装成了大量制造的"标准化成品"。时装设计师杰奎斯·菲斯可以说是20世纪60年代高级成衣业的先驱。而皮尔·卡丹则提出了"成衣大众化"的口号，将设计的重点偏向一般消费者，使更多的人穿上时装，率先建立了自己的高级成衣市场。

在进入动荡的20世纪60年代后，欧洲的文化中心受到挑战，欧洲文化受到黑人文化、土著文化、亚洲文化的强烈冲击，逐步趋向多元化。高级成衣同样地呈现出多元化发展趋势，以高田贤三、三宅一生为代表的亚洲设计师开始进入欧美时尚界，并站稳脚跟，成立了自己的高级成衣品牌。

全球经济在20世纪80年代和90年代高速发展，时装贸易成为许多国家和地区的经济增长点。无论是奢华昂贵的高级时装，还是针对大众消费者的成衣，都出现了极大的需求增长。女性更广泛地加入社会中的各种角色，服装在款式、材料、品牌等方面越发多元化，成衣业空前发展。

可以概括地说，美国在20世纪40年代进入成衣化阶段，欧洲各国要到50年代，日本及其他西洋服饰文化圈以外的要到60年代后。20世纪是成衣业发展的转折期，之后成衣业进入发展的黄金期。随着社会经济文化的不断发展，以美国、英国、法国为主的欧美国家的成衣业发展日趋成熟，如今它们的成衣设计已相对成熟，对我国成衣设计的发展有深刻影响。

三、我国成衣业发展现状

我国的服装工业几乎是在无品牌的状况中发展起来的。直到近20年，才出现一些大众品牌，这些民族品牌的发展过程，充分证明我国的服装企业在市场经济的大潮中历尽了磨难和洗礼。

从解放初期到1978年，我国的服装企业采用手工和半机械化手段进行生产，产品以内销为主。在这段时间内服装的成衣化水平很低，出口服装品种少、档次低。

1978年以来，我国实行了改革开放政策，使得服装工业也发生了巨大变化。服装工业已经形成国有、民营、股份和中外合资与合作多种经济成分并存，生产、教育、科研、信息配套，以大中型企业为骨干、小企业为重要力量的服装工业体系。其发展趋势正式走向国际加工和自主设计生产并重的新阶段。

自20世纪80年代末到90年代末的10年间，由于国际竞争的加剧，著名品牌纷纷登陆上海。在上海、北京、广州、深圳等城市的商业街旁林立着品目繁多的国外品牌服装专卖店，如鳄鱼、皮尔·卡丹、古驰等，数不胜数。服装品牌专卖店、连锁店几乎是在五年内平地而起，致使曾经引领中国风骚的老品牌和意欲引领新风骚的品牌纷纷落马。例如，有着七十多年历史的培罗蒙品牌，曾经号称中国最好做工的西装品牌，由于体制等综合的原因，以致品牌形象老化，品牌传播不力。与之类似的培蒙品牌，也难以担起西装品牌的大旗。以衬衫工艺著名的开开衬衫，几乎沦为地摊货，无论价格还是款式都已经没有任何强势的竞争力。面对中国这个有巨大潜力的市场，国外服装企业敏锐地嗅到了契机，在中国服装企业还没有足够的心理准备时，便给国内服装产业带来了强烈的冲击。国内市场被90%在中国制造的外国品牌所占领，国内服装企业竞争停留在比较低的层面上（主要还是停留价格、款式等方面的竞争），绝大多数服装企业的产品销售还是以批发市场的大流通为主。

自20世纪90年代起，我国成衣业开始进入品牌化的初级阶段。以我国轻纺工业比较发达的沿海城市为代表的服装企业率先迈向成衣品牌化之路，如报喜鸟、太平鸟、杉杉等服装品牌。我国成衣产业，经过十几年来红红火火的发展，已经取得了令世界瞩目的成绩，形成了规模庞大的服装产业链。

21世纪初欧美经济衰退，服装订单减少，我国服装出口下滑，对欧美市场依存度高的企业陷入困境。然而，虽然国内市场单一，不能改变国际需求萎缩的大环境，但却可以提升"中国制造"的出口竞争力。因而在国际市场上，我国成了世界第一的"服装出口大国"。随着产业回暖，边境贸易异军突起。

同时随着经济的全球化与时尚产业的兴起，我国自20世纪后期起涌现出一批优秀的设计师，并创造出自己的原创品牌。比较具有代表性的设计师有张肇达、刘洋、吴海燕、马可、曾凤飞等。设计师品牌的崛起对于推动我国成衣产业和衣着消费市场的发展具有重要意义。

时至今日，成衣已成为人类社会服装模式上的主流，并且成为我们生活中不可缺少的一部分。对于广大群众而言，他们触手可及的是大众成衣。大众成衣不同于高级时装和高级成衣，它以成衣技术为基础，不同程度地结合艺术、时尚设计，但艺术、时尚含量最低，且市场上不同品牌的艺术性、时尚性不等，部分大众成衣甚至没有艺术与时尚成分。大众成衣市场日趋激烈的竞争使得部分大型大众成衣品牌开始利用艺术设计、时尚元素来提高产品的附加值，有些品牌的服装艺术性甚至不亚于高级成衣。

然而，我国目前的流行资讯依然主要来自于国外的大型时尚流行机构，迄今为止鲜有具备国际知名度的成衣品牌。与此同时，国内市场中各种高档品牌成衣的消费需求，促使成衣企业愈发积极地通过打出自己的品牌，提高附加值。但是，从国际、国内创立品牌的历史来看，一个成熟品牌的创立在短时间内是难以成功的。一些国际顶尖成衣品牌均有着几十年甚至上百年的品牌历史，而我国大多数成衣品牌却是在近20年内创立的。虽然我国成衣设计市场已经逐步活跃，却依旧以"哈日""韩流""欧美风"等为主，很多成衣设计企业存在抄袭的问题。更有甚者，一些设计师滥用"拿来主义"，导致成衣设计领域"换汤不换药"的问题始终存在。在我国现今的成衣市场中，新的设计理念与新的发展机遇正有待被发掘。

第三节　成衣的属性

世界上任何事物都有其一定的性质和特点，没有性质和特点的事物是不存在的，事物所具有的性质和特点一般称为事物的属性。成衣作为现代人们活动和工作的一种生活用品，区别于"时装"和"高级定制"，有着自己的性质和特点，这种性质和特点被称为成衣的属性。

批量生产、有标准号型的成衣具有能够满足人的穿着需要的特点，这是服装的基本属性。但成衣的意义和作用是多方面的，就成衣的属性来说，可以从多方面进行分析，概括起来可归纳为：成衣的社会属性、成衣的经济属性、成衣的文化属性、成衣的精神属性。

一、成衣的社会属性

人类是社会群体，服装也具有一种社会化的特征。服装式样和色彩的选择可以反映出人们不同的社会职业、社会层次及社会状态。服装是一种强烈的、可视的交流语言，它能告诉我们穿着者是哪类人、不是哪类人和将要成为什么样的人。

成衣作为人们的日常着装需求，与人们生活的方方面面息息相关。可以说成衣的社会属性指的是其标识属性。人们常常根据不同的场合来变更自己的服装。人们通过不同的服装来表达出不同的社会职业。除了一般日常生活的便服、居家服以外还有反映人们所从事的社会分工以及不同职业的各类工作服、职业服和特殊防护服等。随着社交生活的日益丰富，白天出席各种活动时穿用的礼服已成为人们生活中不可缺少的服装，如出席开幕式、宴会、游园、正式拜访、婚礼等。

成衣的社会属性还包括其实用性、科学性。人是社会的主体，服装是为人服务的，除标识作用外还具有蔽体、御寒、装饰的作用。服装的实用性是服装这种状态赖以生存的依据。"实用、经济、美观"是服装设计的最基本原则。其中"实用"在设计原则中排在第一位，这说明了实用的价值和重要性。广义的"实用"理解为服装的各种机能表现。在日常生活中，成衣的"实用性"被体现得淋漓尽致，主要表现为不同季节成衣款式适体、材料适宜、色彩美观度可行。成衣的科学性，一方面表现为成衣工业化生产的科学性、机械性，另一方面表现为成衣自身的各种物理性能和化学性能以及这些性能与人体之间的和谐关系。所以可以这样说，成衣设计是以人文本的设计。

二、成衣的经济属性

正如本书第一章第一节中所阐述：成衣设计是以市场的运行规律为基础，以市场需求为导向的设计，不能简单地仅凭设计师的主观判断来设计。成衣设计是成衣销路的关键，必须以消费者的反应来评定产品的成败，所以在成衣设计之前要先了解成衣工业的特性，全面正确地理解成衣设计的本质。

由于成衣与市场之间密不可分的关系，成衣亦具有经济属性。成衣是工业化的商品，用来满足社会各阶层的需求，是面向大众的产品。所以，不仅成衣的设计离不开对消费者市场的调研，成衣的生产同样也离不开经济原则。成衣进入市场后，其销售数据是衡量其成衣款式成功与否的唯一标尺。数据是最有话语权的评判标准，与利润直接相关。

随着社会、文化和经济的进步，体验经济的兴起是大势所趋。21世纪是体验经济时代，营销环境、消费需求、消费心理和消费行为都比20世纪有了根本变化。从现今商业模式的角度来分析，体验经济时代最鲜明的特征是企业由原来的为消费者提供货品、制造商品的商业模式发展到为消费者提供服务。这种服务提供一种让客户身在其中并且难以忘怀的体验，最终与消费者实现共同体验的商业模式。体验经济时代的到来是现代生产和社会发展的必然趋势，同时，体验经济时代的消费者需求层次逐渐向高端转移，开始追求个体意识和自我实现，对情感和体验因素的需求日益高涨，因此，以消费者为导向的品牌战略也要相应地创新。这就要求服装企业以成衣的经济属性为前提，站在消费者市场多元化、个性化需求和服务体验的角度来进行成衣品牌的文化定位及成衣设计。

我国的服装行业已然经历着由传统批量化生产的同质化服装市场向现今的"个性化""服务化"消费者需求市场的转变。为了应对这种消费者市场需求的转变，我国成衣市场及企业潜移默化地出现了适应性的转变。

这种转变主要有以下四种代表形式。

①成衣设计领域中快时尚产业的兴起，其特点是生产周期短、多系列、快速迎和市场需求。

②针对更加细分化的目标客户群，新的个性化的原创设计师品牌诞生，设计上更加注重个性化的设计，如上官喆（SANKUANZ）品牌。时装设计师与艺术家陈天灼合作的高级成衣系列SANKUANZ 2013AW COLLECTION系列，如图1-6所示，灵感来源于藏族传统服装及工艺美术，既弘扬了文化也强调了个性。许多服装设计店以个性作为经营宗旨，店内服装风格独辟蹊径，强调体现设计者的喜好。

图 1-6　SANKUANZ 2013AW COLLECTION 系列成衣展示

③新时尚下的"工业化定制"。这可以说是现代成衣企业发展的新模式、新趋势——在流水线上实现个性化定制。红领集团是这种新模式的代表企业，在互联网下将服装定制与流水线生产完美结合，如图1-7所示。

图 1-7　红领集团酷特智能个性化生产车间

④其他大多数成衣品牌吸取快时尚品牌的优势特点，将少量多款作为主流，结合自身品牌文化风格、国际流行时尚进行满足多元化个性需求的成衣设计。比如URBAN REVIVO（简称UR）、地素（DAZZLE）等品牌，如图1-8、图1-9所示。

图 1-8　URBAN　REVIVO　品牌门店

图 1-9　地素品牌成衣

三、成衣的文化属性

成衣的文化属性指的是成衣服装的民族性、成衣品牌的文化性。

服装的穿着还反映出各族人民的生活习惯、性格和爱好及民族文化。不同的国家有着不同的民族服装、民族文化。不同的民族都有各自的服装式样、装饰和特色。如中国的唐装汉服、日本的和服（图1-10）和韩国的韩服（图1-11），又如泰国的泰服（图1-12）、法国的哥特式服装（图1-13）等。

21世纪的今天，成衣的消费不仅仅是款式的竞争，更是品牌的竞争。现在成衣的款式非常多，不同公司款式之间的差异性在缩小。因此，辨别差异性的重要标志是品牌，品牌在为成衣服装做出各种解释，赋予成衣服装文化上的意义。越来越多的人把服装消费理解为是一种文化消费，与观看电影、欣赏艺术作品划为同类，而不是一种物质性的消费。因此，服装消费不只是一种物质性的消费，更是一种文化消费，服装是消费者的一种自我展现，是一种生活方式和价值观念的表达。

图 1-10　和服

图 1-11　韩服

图 1-12　泰服

图 1-13　哥特式服装

四、成衣的精神属性

服装是人的第二皮肤。成衣的精神属性指成衣的装饰性，是来自于人心理方面的要求——精神性的一面。装饰性包括服装的审美情趣、服装的美观性。爱美之心人皆有之，这是人类的天性和本能。人们总是不停地发现美和追求美。这就是服装的精神性所驱动的必然效应。福塞尔在《格调》（CLASS）一书中通过大量例子表明了消费所表明的社会等级和地位，认为人们是通过消费来表现其品位、格调和生活方式的。

不同时期，消费者对于成衣有着不同的消费心理诉求，同时对"美"也有着不同的心理评价标准。随着生活水平的提高以及生活、消费经验的丰富，消费心理不断成熟，对于"美"则体现出更大的包容性。人们的心理追求从"基本追求""求同""求异"，发展到"优越性追求"，继而发展至"自我实现追求"。如今的消费摆脱了基本生存需求的束缚，心理追求向高层次发展，追求的动机更多地来自于内在需求，使得消费需求与消费行为趋向于满足自我实现，形成消费需求的个性化趋势。而这样的变化都来自于人们自我意识与自身个性的觉悟。人们对于穿着的消费需求，开始从注重实用性与功能性，向注重服装体现出来的内在信息转变，需要穿着不同于他人的服装以表现自己独特的气质与风貌。面对这样的心理需求，设计师进行成衣设计时就必须进行款式、色彩面料等方面的局部创新。

不同年龄层对成衣服装的心理需求不同，因而童装、少淑女装、少妇装、成熟男装、老年服装在设计上有不同的要求。童装设计强调的是活泼、健康、便于穿着、舒适，符合儿童好奇的性格特点。少淑女装设计要求价格适宜、风格多样、符合流行趋势。少妇装不同于少淑女装，其设计风格大多追求端庄、稳重，且不会忽视对流行趋势的追求，款式以合体为主，在颜色的设计上不太会采用极强的对比色。成熟男装设计上则要求稳重、内敛但也不失时尚，体现品位、精致。这主要是因为这一类消费群体一般都具有一定的经济实力和一定的社会地位。老年服装因为老人年龄、心态、阅历等方面，其在颜色设计上偏爱素淡、不花哨；款式设计上可较少考虑流行趋势，以经典款为主。

不同地域、民族的人群对成衣服装的心理诉求也不同。因此，在进行民族成衣设计时应尽可能地实地考察，了解他们的地域环境、民族文化，更重要的是其心理诉求。成衣风格是成衣精神属性的一种诠释，是成衣的特质、象征意义给顾客带来的消费体验，并将其整合成一个完整的体系，从而派生出与其风格相符合的系列产品。详见第四章第二节"成衣风格设计定位"。

成衣设计必须满足人们的心理需求，离开了对心理需求的理解和研究，就难以设计出成功的服装产品。

第四节　成衣的分类

我们都知道，在学习和研究服装时，将服装的各种造型和形态进行整理分类是很有必要的。这有利于对服装进行全面的认识，更便于全面了解服装的细节和延伸。同理，成衣属于服装这一大范畴，它同服装一样，分类的方式多种多样。对成衣做分类研究，有利于我们更加有深度、有广度地了解成衣。

成衣可按场合、性别、年龄层次、消费层次、材料等来分类，具体如下。

一、按场合分类

这里的场合包括职员上班场合、日常休闲生活、户外体育活动等。成衣按场合分为职业装属性的成衣、休闲装、运动装和礼服等。

（一）职业装属性的成衣

职业装属性的成衣，顾名思义就是适用于上班场合且符合成衣属性的服装，如图1-14所示。与日常装不同，职业装属性的成衣在设计时必然要考虑目的性、场合性、便利性及美观性。一般款式类别包括衬衫、西服、简洁干练的连衣裙、短裙等。不同工作场合对服装材质、制作工艺、色彩款式有不同的要求。成衣市场中，G2000是常见的专销职业装属性的成衣品牌。

图 1-14　职业装属性成衣

（二）休闲装

休闲装俗称"便装"，英文为casual。它是人们在日常休闲生活中穿着的服装。休闲服装一般可以分为时尚休闲装、运动休闲装、商务休闲装。

时尚休闲装与流行变化紧密相连，其款式以T恤、牛仔裤、连衣裙等为主，如图1-15所示。

运动休闲装是专业运动服装与休闲服装的集合体。它以良好的自由度、功能性和运动感赢得了大众的青睐。运动休闲装款式造型需宽松舒适，色泽持久耐磨，面料吸汗透气。现下著名的运动休闲品牌有阿迪达斯（adidas）、卡帕（Kappa）、耐克（NIKE）等。

商务休闲装既可以摆脱平日呆板的职业装，又可以用于商业会谈与工作，一般配合条纹的POLO衫、休闲款西裤、休闲皮鞋，如图1-16所示。

图 1-15　时尚休闲装

图 1-16　商务休闲装

（三）运动装

运动装从狭义上来说，为专用于体育运动竞赛的服装，如田径类服装、球类服装、击剑服、摔跤装等；广义上还包括从事户外体育活动穿用的服装。

运动装按照穿着用途可分为专业运动装与休闲运动装。专业运动装顾名思义是用于运动专业领域的服装，如登山、滑雪、攀岩、运动竞赛等，更强调其功能性，比如透气性、舒适性、防水性、保暖性。比较知名的专业户外运动装品牌有始祖鸟（ARCTERYX）、乐斯菲斯（THE NORTH FACE）、哥伦比亚（COLUMBIA）等。休闲运动装则更强调服装的潮流和时尚感，休闲中兼具运动风。专业运动装和休闲运动装分别如图1-17、图1-18所示。

（四）礼服

礼服指在某些重大场合上参与者所穿着的以裙装为基本款式，庄重而且正式的服装。但随着社会生活的发展，礼服的形式和穿着方式有了新的变化，成衣市场上其款式多为半正式的小礼服类型，隆重的晚礼服类型较少，样式上更简洁、时尚且平民化、大众化。

图 1-17　乐斯菲斯品牌专业运动装

图 1-18　斐乐品牌休闲运动装

①礼服根据形式分类有：正式礼服、半正式礼服。

②礼服根据风格分类有：中式礼服、西式礼服、中西合璧式礼服，如图1-19、图1-20所示。

图 1-19　中式礼服

图 1-20　西式礼服

③礼服根据样式分类有：抹胸礼服、吊带礼服、含披肩礼服、露背礼服、拖尾礼服、短款礼服、鱼尾礼服等。

④礼服根据穿着用途分类有：日礼服、晚礼服、婚礼服、舞会服、小礼服等。其中小礼服是指在晚间或日间的鸡尾酒会、正式聚会、仪式、典礼上穿着的礼仪用服装，裙长在膝盖上下5cm，适合年轻女性穿着。

二、按性别分类

成衣按性别分类可分为男装、女装和中性化服装。

（一）男装

男装在造型、色彩、材料上的变化没有女装丰富，但男装在工艺上对精致度的追求高于女装。针对不同年龄层次，男装在设计上有不同的要求。如成熟男装设计上要求稳重、内敛但也不失时尚，体现品位、精致；青少年男装在设计上则可以体现出这个年龄阶段的活力、个性及年轻态，追求个性、新潮、时尚是这个年龄阶段的特点，如图1-21所示。

（二）女装

女装款式、图案、色彩多样，设计大多紧跟流行和时尚。现代服装的流行是以女装为中心展开的，如图1-22所示。但女性到了中老年，因为年龄、心态、阅历等方面的变化，审美也发生改变，其在颜色设计上偏爱素淡、不花哨；款式设计上较少考虑流行趋势，以经典款为主。

（三）中性化服装

中性化服装（简称中性装）既以其简约的造型来满足女性在社会竞争中的自信，又以其简约的风格使男性享受着时尚的愉悦。如20世纪70年代开始流行的T恤和80年代流行的牛仔裤、喇叭裤等。中性化服装可以概括为两种：第一种是无任何差别，关系彻底模糊；第二种是男女装互相借鉴。所谓的第一种就是现代流行时尚的"3NO主义"，即无性别、无年龄、无季节，随心所欲、无拘无束，而且范围扩大很快。第二种就是互相借鉴、现代男装女性化、女装男性化，是拓宽着装空间的一种体现，减弱了女性与男性之间的生理及身体构造的差异，不再是男刚女柔的风格，如图1-23所示。

图 1-21　男装

图 1-22　女装

图 1-23　中性化服装

三、按年龄层次分类

成衣按年龄层次分类可分为童装和成人装。

（一）童装

童装包括婴儿装、幼儿装、大童装、少年装，如图1-24所示。

童装在设计上注重功能性，不追逐时尚但可与时尚结合；色彩要相对活泼亮丽；图案要具有童趣；面料要舒适、环保，对身体无害。如婴儿服装设计一般选用平面造型，款式要求简洁，以易于调节放松量的款式为佳；面料多采用天然无刺激的纯棉材质。由于儿童生长迅速、活动频繁，因此童装在款式设计上要适度宽松，方便运动。

图1-24 童装

（二）成人装

成人装包括青年装、中年装、老年装。

四、按消费层次分类

成衣按消费层次分类可分为高端品牌成衣、中端品牌成衣和大众品牌成衣。

（一）高端品牌成衣

高端品牌成衣是以社会名流、富有中产阶层、高级白领、时尚精英为服务对象，小批量、多品种的高档成衣，在一定程度上保留或继承了高级时装的某些特点，其价格在高级时装与中端品牌成衣之间。高端品牌成衣与大众品牌成衣的区别不仅仅限于批量大小和质量高低，关键还在于其个性与品位。许多高端成衣品牌都是一些大牌时装设计师旗下的成衣品牌，带有强烈的设计师个人风格，如迪奥（Dior）、范思哲（VERSACE）、高田贤三（KENZO）、香奈儿（CHANEL）等，如图1-25所示。

图 1-25　高端品牌成衣

（二）中端品牌成衣

中端品牌成衣是以普通白领、收入稍高的工薪阶层为服务对象，采用平面裁剪、适当工艺的小批量的成衣类型。这类品牌成衣紧跟流行时尚，有着针对自身品牌定位的个性风格，如歌莉娅、地素、百家好（BASIC HOUSE）、江南布衣、七匹狼、渔牌等，如图1-26所示。

图 1-26　江南布衣品牌成衣

（三）大众品牌成衣

大众品牌成衣是面向普遍大众、普通工薪阶层消费者的成衣类型。对大众成衣品牌企业而言，设计不是彻头彻尾的创造，而是对流行趋势的独特诠释，是以消费者为中心，以消费者需求为源头的成衣经营的决定性基础。总的来说，其多采用低价的面料，简单的工艺，稍加整合的流行元素，便于规模化、大批量、低成本地生产，有着相当的价格优势，在成衣市场上占有很高的份额，如H&M、优衣库（UNIQLO）、飒拉（ZARA）、真维斯（JEANSWEST）、班尼路（Baleno）等。目前市场上的大众成衣品牌以快时尚为主导，设计中秉承"简洁、实用、美观"的原则，流行及生产周期大大缩短，如图1-27所示。

图 1-27　优衣库品牌成衣

五、按材料分类

成衣按材料分类可分为毛呢服装、棉麻服装、丝绸服装、化纤服装、裘革服装、羽绒服装和人造毛皮服装等。

毛呢服装是指以纯毛、毛混纺织物为面料制成的服装。

棉麻服装是指由全棉、全麻或棉麻混纺织物制成的服装。

丝绸服装是指由天然丝、人造丝、合成丝织物制成的服装。

化纤服装是指由各种化学纤维织物制成的服装。

裘革服装是指由裘皮或革皮制成的服装。

羽绒服装是指内充羽绒，具有保暖功能的服装。

人造毛皮服装是指以天然或化学纤维仿各种毛皮的织物为面料制成的服装。

第五节　成衣流行分析

从流行的概念来看，流行包含三方面的含义。

首先，流行是人们通过对某种生活方式及社会思潮的随从和追求来满足身心等方面的需求的一种现象。它涉及的范围广泛，既包括物质性因素，也包括精神性因素。

其次，流行的形成需要相当数量的人去模仿和追求，并达成一定的规模，然后普及开来。现代意义上的流行不仅仅停留在量的方面，也不仅仅意味着同大量的人的结合，而是渗透到人们的日常生活中，成为人们日常生活中不可分割的一部分，同时也成为大众精神生活的重要组成部分。

最后，流行是发生在一定时期内的社会现象，过了一定的时期便不再流行。若流行的时间持续，就会转化为人们的习惯，成为社会传统。任何一种流行现象都经历了产生、发展、兴盛和衰亡的过程。

同理于服装流行，成衣流行也是在一种特定的环境与背景条件下产生的，它是多数人钟爱某类服装的一种社会现象，是物质文明发展的必然，是时代的象征。成衣流行是一种客观存在的社会文化现象，它的出现是人类爱美、求新心理的一种外在表现形式。换句话讲，我们的社会正处于工业化高度发展的时期，在服装方面，人们在"经济实惠、节省时间"的原则之下，很愿意穿着机械化生产的成衣，在高度工业化的大批量生产、人们的新奇与效仿以及从众心理与信息传达的综合因素下，促成了成衣的流行。

一、成衣流行的特征

成衣的流行是一种复杂的社会现象，它体现了整个时代的精神风貌，包含社会、政治、经济、文化、地域等多方面的因素，与社会的变革、经济的兴衰、人们的文化水准、消费心理的状况以及自然环境和气候的影响紧密相连。通过对成衣流行的研究分析，其特征主要表现在下面四个方面。

（一）新奇性

新奇性是服装流行中最为显著的特点。其在成衣流行中也不例外。"新"表示与以往不同、与传统不同。"奇"表示与众不同，即所谓的"标新立异"。

成衣流行的新奇性往往表现在色彩、花纹、材料、款式、穿着方式等设计的变化创新上，从而满足了人们求新求异的心理。这里的"新""奇"并不是指全新的、前所未有的，而是将原有的服装进行永无止境的"翻新"设计。构成成衣流行的任何一种因素的变化，都会使服装产生新颖感，成衣自身的各种组成部分之间存在着如同无数元素无限排列组合那样不计其数的可能性。著名服装设计师约翰·加利亚诺曾经说过："在设计时装的世界中，一切都是可能的，而这种可能性主要受惠于旧装翻新的无限重复。"

（二）短暂性

成衣流行的第二特征是其时间的短暂性，这是由流行的新奇性决定的，一种新的样式出现后，当被人们广泛接受流行而形成一定规模时，便失去了新奇性。人们对服装的审美也会随流行时段的不同而有所改变，当一种服装具备流行特征时便被认为是时尚的、美的，而进入流行衰退期时，这些流行特征反而可能成为落后、过时，甚至丑陋的标志。成衣流行持续时间的长短，受多种因素的影响，如样式的可接受性、满足人们真实需要的程度，以及与社会风尚的一致程度等。

（三）普及性

普及性是现代成衣流行的一个显著特征，也是成衣流行的外部特征之一，表现为在特定的环境中某一社会阶层或群体成员的接受和追求。这种接受和追求源于人们之间的相互模仿和感染。

接受和追求意味着社会阶层或群体的大多数成员认可、赞同的态度。在一种新的服装样式流行初期，通常只有少数人去模仿或追随，当被一定数量和规模的人所接纳并普及开来的时候，就形成了流行。追随者的多少将影响到新样式的流行规模、时间长短和普及程度。

（四）周期性

成衣的流行周期有两层含义：一是流行成衣具有类似于一般产品的生命周期，即从投入市场开始，经历引入、成长、成熟到衰退的过程；二是成衣流行具有循环交替、反复出现的特征。从历史上看，全新的成衣样式很少，大多数新样式的成衣只是对已有样式进行局部的改变，如裙子的长度、上装肩部的宽度、裤腿肥瘦等的循环变化。另外，服装色彩、外部轮廓也具有循环变化的特点。

二、世界高端成衣品牌分布

众所周知，法国最早成为世界服装的中心，巴黎拥有世界上最杰出的时装设计师，造就了代表时装的最高境界的高级时装，并且形成了时尚流行的模式。来自巴黎的时装引领了世界各地的时装潮流。到20世纪70年代，英国、意大利、美国、日本异军突起，在世界时装舞台上占据了重要一席。此后法国巴黎、意大利米兰、英国伦敦、美国纽约、日本东京并称"国际五大时装之都"。这五大时装之都也造就了国际五大高级成衣时装周，世界高端的成衣品牌大多都分布于这5个城市，并引领着世界各国各地的成衣流行。

（一）巴黎

巴黎被誉为"世界时装之都""服装中心的中心"。巴黎发布会的信息就是国际流行趋势的风向标。全球四大时装周之一的"巴黎高级成衣时装周"源自1910年，每年3月和10月举行。法国巴黎的时装周是世界时装界的盛会。著名设计师、成衣制造商、服装零售商、社会名流、各路媒体云集巴黎，目睹时装设计界的盛事。同时多场专业展览会也是巴黎成为"世界时装之都"的重要因素。法国巴黎的Expofil纱线展、第一视觉面料展（Première Vision）、Le Guirà Paris皮革展、巴黎Indigo印花展会都是具有国际影响力的展会。纺织界或时尚预测的权威机构会借此发布一两年后的色彩、面料的流行趋势，被称为面料流行趋势预测的"气象台"。完善的人才培养体系也是巴黎称雄的一大关键，巴黎MOD'ART国际时装艺术学院、巴黎高级时装工会学院、法国高级时装学院（ESMOD）等都是设计师的摇篮。法国拥有迪奥、香奈儿、纪梵希（GIVENCHY）、蔻依（CHLOE）、约翰·加利亚诺（John Galliano）等国际高端成衣名牌。

（二）米兰

米兰被誉为"世界时装之都""时尚之都"。

每年二月和九月举行的"米兰高级成衣时装周"是世界四大时装周之一，被誉为引领潮流的

"晴雨表"。麦丝玛拉（MaxMara）、古驰（GUCCI）、阿玛尼（ARMANI）、范思哲、华伦天奴（VALENTINO）、杜鲁萨迪（TRUSSADI）、普拉达（PRADA）等国际一线高端时尚女装品牌在这里孕育而生。米兰马兰哥尼时装设计学院是培育设计师的著名学院。整个意大利拥有全球三分之一的时装设计大师。米兰时装业迅速发展的另一重要因素是其风格独特的布料、一流的印染技术。

（三）伦敦

英国最早进入工业化阶段，最早形成中产阶级消费群，因此具有比较成熟的时装市场。时装设计一直在英国占据重要的地位。但是跟法国不同，英国很少跟随欧洲的潮流，而是我行我素，走自己的路。英国的设计跟绘画、雕塑一样，总是带有浓厚的英国特色，而不是国际的。反过来，英国风格影响了国际。英国时装设计的核心是伦敦。伦敦除了被人们称为"世界时装之都"还被称为"世界创意产业之都"。这里聚集了大量的杰出的时装设计师，有庞大的时装运作机制、比较广泛的时装销售网点和相当可观的客户群。每年两次的"伦敦高级成衣时装周"也是全球四大时装周之一，每年两届的伦敦国际女装展则是欧洲闻名的时装展会。伦敦亦有不少学院设有时装设计专业，其中中央圣马丁艺术设计学院（Central Saint Martins）站在培养时尚新秀的最前沿，成功地培养出了一批高水平的时装人才。例如约翰·加利亚诺、亚历山大·马克奎恩等具有国际影响力的大师级的设计师，为英国设计跻身国际前列奠定了基础。

众多艺术人才汇集、最前沿的艺术思想和最先锋的设计与艺术形式往往先在伦敦发生，这是伦敦成为"世界时装之都"和创意产业发源地的重要原因。伦敦创意设计产业的艺术基础设施占英国的40%，拥有英国85%以上的时尚设计师、三分之一以上的设计机构。

（四）纽约

纽约被誉为"世界时装之都""世界时尚之都"。

一年两次的"纽约高级成衣时装周"与伦敦、巴黎、米兰时装周并列为世界四大时装展示活动。纽约时装业的快速崛起，一定程度上得益于对时装教育的高度重视，全市目前拥有八所专门专业院校，比如纽约时装学院、帕森设计学院、旧金山艺术大学等。设计师汤姆·福特（Tom Ford）、唐娜·凯伦（Donna Karan）、五大仁为路易威登（LOUIS VUITTON）打响服装设计名号的马克·雅可布（Marc Jacobs），以及名摄影师史蒂夫·梅塞尔（Steve Meisel），都是在帕森设计学院毕业的。同时这里也是CALVIN KLEIN（简称CK）、盖尔斯（GUESS）、蔻驰（COACH）、拉尔夫·劳伦（RALPH LAUREN）、唐纳·卡兰（Donna Karan）、马克·雅可布（MARC JACOBS）等国际名牌的诞生地。

（五）东京

东京被誉为"世界时装之都""世界时尚之都"。

东京是日本各种时髦及流行文化的发源地。这里的设计师认为时装是"文化的工具"，他们擅长于挖掘日本及东方传统中的精华，缔造了新的东方时尚。从2005年开始，东京着力打造每年两次的东京时装周，希望与国际四大时装周并肩。从这里走进西方时尚圈的高端成衣品牌有：高田贤三、三宅一生、山本耀司等。

三、成衣流行传播媒介

成衣的流行与传播媒体有着密切的联系。传播媒体是成衣得以流行的手段，又对成衣的流行起到一定的促进作用。现代成衣传播的媒介主要有互联网、报纸杂志、影视传媒、服装展示与发布会、名人偶像等。

（一）互联网

互联网的出现为信息传播带来了很多新的理念，它是继报刊、广播、电视之后的第四类主要的信息传输途径。互联网的迅速发展使世界成了一个"地球村"，也使服装流行的传播速度越来越快。消费者可以通过互联网浏览专业时尚咨询网站、知名品牌官网和专业的服装论坛了解最近的流行。国内比较有影响力的网站有VOGUE时尚网、微服网、服装流行前线、中国服装网、中国服装款式网、时尚网等，但这些网站的很多最新资讯都是收费的。国内比较知名的服装论坛有穿针引线服装论坛、中国服装网论坛、街头时尚、流行时尚和服装设计等，这些论坛分布广泛，很多服装爱好者、服装专业学生、设计师、发型师和化妆师以及普通大众都喜欢在这些论坛上相互交流，畅所欲言。有很多服装业的资深从业者把一些很宝贵的资料上传到论坛上给大家分享，大家一块学习，一块交流。互联网以其强大的互动性、快捷性和传播性的特征，为服装的流行传播开辟了新的途径。

（二）报纸杂志

报纸杂志以其发行量大、迅速及时、可信度高、图文并茂、便于保存等优点对流行的传播起了很好的推动作用。目前常见的时尚报纸杂志有《VISION》《ELLE》《VOGUE》《Bazaar》《瑞丽》《米娜》等，如图1-28所示。

图1-28　时尚杂志期刊封面

（三）影视传媒

随着社会的进步和科学技术的发展，影视电子传媒也是非常行之有效的传播载体，包括电视、电影、LED（发光二极管）显示屏、录像短片等。其中电视、电影是最容易被消费者接触到的媒体。但是影视媒体是次要的流行传播媒体，因为影视传播制作成本高，很多服装品牌难以承受。因此，有些服装品牌通过冠名、赞助的方式宣传自己的品牌，比如偶像剧《欢乐颂》里俊男靓女的穿着打扮。这在一定程度上对服装品牌及流行元素起到了推广传播的作用。

（四）服装展示与发布会

服装展示与发布会是服装传播的主要形式之一，同样也是成衣传播的主要形式之一。消费者能够通过服装展示与发布会对将要流行的服装趋势和特征获得一种直观的了解。国外比较知名的服装发布会是法国巴黎、英国伦敦、意大利米兰、美国纽约、日本东京这五大时装周。法国巴黎时装周有一年两季的传统，想要成名的设计师每年都要举行发布会——春夏时装发布会和秋冬时装发布会。会上由设计师独立或在时装厂商的支持下推出一个时装新系列，售予来自世界各地的零售商。美国纽约或洛杉矶时装界则有"一年六季"之说，即设计师一年要开六次发布会，分别在春季、夏季、秋季、冬季、豪华旅游季和节日假期。

服装展示可分为动态展示和静态展示。动态展示是通过模特儿的形体姿态和表演来体现服装整体效果的一种展示形式；静态展示是通过橱窗展示、宣传册、网站等平面设计作品进行展示传播，这种展示形式适用于各类服装博览会、展览会、交易会及店面。

（五）名人偶像

在引领流行，传播时尚方面，名人偶像一直是一支不容小觑的队伍。偶像团体在影响消费者审美、消费倾向方面的作用日益强大。他们穿衣打扮、运动出行、美食品尝等生活的方方面面在媒体发达的今天都颇受大众关注与追随。比如20世纪50年代风靡全球的美国著名影星奥黛丽·赫本因在电影《罗马假日》中扮演的公主形象而红极国际影坛，她的衣着超凡脱俗，品位奇佳，受到大众的广泛追捧，如图1-29所示。又如马龙·白兰度在《欲望号街车》中穿了一件紧身白色T恤，从此引领了T恤数十年的流行，如图1-30所示。

图1-29　奥黛丽·赫本在电影中的形象　　　　图1-30　《欲望号街车》引领 T 恤流行

再比如现在的"八五后"婚纱设计师兰玉，她就是借由罗海琼、胡可、董璇、谢娜、李小璐、黄圣依等明星的明星效应而打造出她自己的LAN-YU高级定制婚纱品牌，从而家喻户晓、蜚声中外。

四、成衣流行趋势解析

现在国内大多数的公司特别是服装品牌公司都非常注重了解国际的流行趋势和动态，因为这会帮助企业很好地应对市场和目标客户群，把握住市场的准确性，设定企业产品的发展方向，了解国际消费群体的需求流向，缩减成衣品牌研发生产的成本，控制品牌发展的节奏，推动品牌的战略性发展。因此，我们有必要了解成衣流行趋势的过程和基本原理，正确把握本行业的最新动态，并做出正确的分析判断。

（一）成衣流行趋势预测

预测即运用一定的方法，根据一定的资料，对事物未来的发展趋势进行科学和理性的判断与推测。以已知推测未知，可以指导人们未来的行为。

服装流行趋势，我们理解为服装在现阶段流行风格的持续以及未来一段时间的发展方向。服装流行趋势是市场经济，也可以说是社会经济和人们思潮发展的产物，是在收集、挖掘、整理并综合大量国际流行动态信息的基础上，反馈并超前反映在市场上，引导生产和消费。

因此可以说，成衣流行趋势预测是对上个季度、上一年或长期的经济、政治、生活观念、市场经验、销售数据等进行专业评估，推测出来未来服装发展流行动向。一般情况下，成衣流行趋势预测包括色彩、纱线、面料、款式、男装、女装、童装等多方面的流行预测。各服装企业也做适合本企业需要的趋势预测。

（二）影响成衣流行趋势的因素

当设计师意识到成衣新的宏观流行动向时，应以理性的态度去对待。设计师必须走在流行的前锋，感受流行节拍，引导消费。影响流行趋势的因素可以分为可预测因素（如气候、社会经济的发展、人口变化、生活方式的改变等）和不可预测因素（如人为的因素、流行事物的影响、战争的因素等）。分析成衣流行趋势的影响因素，可以从以下几方面入手。

1.气候因素

气候冷热对成衣流行影响最大，气候的影响分为两方面，一是同一时间不同地区气候的冷热差异对流行的影响，二是突发气候冷热变化对流行的影响。

当品牌成衣的终端销售扩展到不同区域的时候，同一时间点不同地区气候的冷热差异开始对成衣销售产生影响，因此应对经销商的配货保留一定的决策权。同样是在每年的3月，东北市场和海南市场销售的差异性很大，气候的不同影响到消费者对色彩冷暖、面料厚薄和款式的选择。

气候突然改变影响消费者最大的消费时间段主要在产品销售的季末和季头，季末和季头是新货上架时期，气候突然变冷或者变热会引导一个时间段的消费热潮。

2. 社会经济因素

经济增长速度是影响流行趋势的因素之一。经济增长速度加快时，人们的收入和消费信心增加，在服装上的花费一般会随之增加，流行周期加快。经济增长速度放慢时，人们的收入和消费信心下降，流行周期放慢。经济增长速度与人们消费水平成正比。当经济增长速度成负增长时，人们的消费心理达到一定的承受极限，成衣设计师针对市场变化寻求新的市场卖点，往往在流行风格上出现新的突变，出现与以往完全不同概念的流行风格。

3. 生活方式因素

生活方式的改变影响人们的消费方式，进而影响人们的着装。二战时期，欧洲女性开始大规模地加入军工企业的生产，发现男装夹克和西服的功能性远远胜于当时女子的裙装，从而间接推动了女装意识的转变，促成现代女装着装国际惯例的形成。我国第一个"五一"长假休假日前夕，运动休闲装销量大增，商场出现脱销现象，表明许多服装公司对假日经济预测的不足。

4. 流行事物的影响

流行事物涉及方方面面，影响最大的是电影、时尚人物和网络。具有巨大影响力的电影和时尚人物的装扮对服装流行起到一定的引导作用。网络上流行的卡通形象出现在年轻一族T恤的图案设计上，人们生活空间的空调化使夏装出现了高立领的流行。除此之外，街头舞蹈、街头装饰、流行音乐、电视、网上购物、时尚杂志等均可对流行产生影响。

5. 科技因素

科技发展表现在对新型材料的探索上，纺织材料创新是纺织业的重要驱动力，其影响力是持续的，不仅影响特种服装，也融入成衣生产的主流产品中。如英国国际探索公司（Quest Internation Ltd）和国际羊毛局合作研究的感觉感知技术SPT（Sensory Perception Technologies）加入到纺织材料中，使服装具备抚慰、激励、保护和护理的功能。这种技术是将功能性颗粒如润湿剂、除臭剂、芳香剂、维生素、拒水剂等以微胶囊的形式添加到纺织品中的一个完整系统，是后整理工艺的一部分；居住在巴黎的芬兰设计师安娜·罗霍宁（Anna Ruohonen）率先采用比利时利比科·拉盖（Libeco Lagae）生产的涂硅亚麻作为她新系列服装设计的面料；法国布吉面料公司（Bugis Tissu）生产的具有阻燃性能的棉平针织物适合制作儿童睡衣。设计师需时时留意新材料的发展动态，并尝试运用它们为设计服务，增强产品的科技含量。

6. 战争因素

二战期间，在战时急迫的社会形式下，欧洲社会以保护身体安全、简朴和实用性为着装的出

发点，英、法两国实行了纤维与衣料的配给制度，华丽的装饰被禁止，人们生活仿佛回到了禁止豪华服饰的欧洲中世纪时代。20世纪90年代海湾战争的爆发后，又使得具有军服风格的成衣大行其道。

7. 文化历史因素

不同地域的消费者所接受的文化教育不同，对同一事物有着巨大的审美差异。审美观的差异性对品牌规划、市场定位、产品设计、制造、广告宣传的诉求、营销组合都有一定影响。审美观的变化直接影响商品消费需求的变化，形成特定的商品流行现象和一定的变化规律。

8. 人口结构变化因素

人口结构的变化会对流行产生影响。人口变化的因素包括人口的出生率、死亡率、人口迁移、年龄分布、婚姻状况、种族融合、国家的人口政策等。如20世纪60年代成衣业的兴起与欧洲人口结构的变化有着直接关系，现今我国人口结构老龄化与我国计划生育的人口政策有关。

9. 政治因素

历史上，政治因素曾经对服装流行产生影响，如冷战时期的欧洲流行服装，设计师以苏联军装作为设计要素展示在高级时装的T型台上。随着全球经济一体化和世界的多极化，政治因素对服装的影响力已经逐渐减退。

（三）流行预测的内容

成衣流行预测的内容主要包括色彩预测、纤维与面料预测、风格款式预测。

1. 色彩预测

色彩预测也就是流行色预测。"流行色"是相对"常用色"而言的，是指一定的社会范围内，一段时间内广泛流传的带有倾向性的色彩，具有时间性、空间性（地域性）、规律性（循环性）的特点。"流行色"的预测主要是依据社会调查、生活源泉、自身演变规律来进行的。美国色彩学家海巴伦提出流行色变化的七年周期理论，其流行时间的长短受当地经济发展水平、审美差异等因素的影响。此理论被日本流行协会常务理事太作陶夫等专家证实。

国内外知名的流行色研究机构有国际流行色协会、伦敦的英国色彩评议会、纽约的美国纺织品色彩协会、美国色彩研究所、巴黎的法国色彩协会、东京的日本流行色协会、中国流行色协会等。其他国际性研究、发布流行色的组织和机构主要有：国际色彩权威机构Pantone（潘通）、国际纤维协会、国际羊毛局、国际棉业协会。除了这些组织机构外还有一些世界级的实力大公司也发布流行色，如美国的棉花公司，杜邦公司，德国的拜尔公司，奥地利的蓝精公司。图1-31是国际权威色彩机构Pantone发布的2019春夏纽约时装周时尚色彩趋势报告中十二关键色，依次为Fiesta（嘉年华）、Jester Red（杰斯特红）、Turmeric（姜黄）、Living Coral（活力珊瑚色）、Pink Peacock（孔雀粉）、Pepper Stem（辣椒茎绿）、Aspen Gold（阿斯彭金）、Princess Blue（公主蓝）、Toffee（太妃糖）、Mango Mojito（芒果莫吉托）、Terrarium Moss（水曲柳苔）、Sweet Lilac（粉藕色）。图1-32是美国权威趋势机构Design Options发布的2019春夏女装色彩趋势预测。

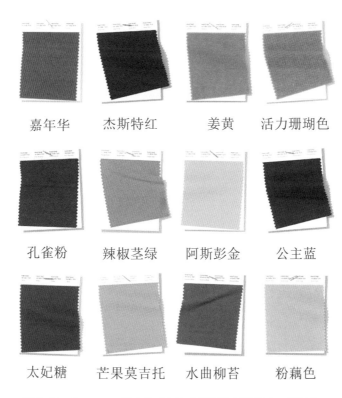

图 1-31　Pantone 发布的 2019 春夏纽约时装周十二关键色

图 1-32　Design Options 发布的 2019 春夏女装色彩趋势预测

国际流行色协会预测的过程，可以用图1-33简要阐述。

提案　　　　协会常务理事会归　　　方案蓝本　　　分组、排列
各国成员　　纳与综合各国意见　　讨论、补充、调整　常务理事会专家整合

　　　　　　新的国际流行色　　染色纤维精制标准色卡　复制成专门的色卡
　　　　　　　　　　　　　　分发给成员国　　　送达各有关用户

图1-33　国际流行色协会预测过程

2.纤维与面料预测

国际上纤维的预测一般提前18个月，面料的预测一般提前12个月，风格款式的预测通常会提前6～12个月。纤维、面料预测的发布渠道主要包括各大纱线博览会、面料博览会、专业的服装流行预测机构、服装杂志、服装资讯网站。比如法国巴黎第一视觉面料展（Première Vision）、巴黎的国际纱线展、Indigo印花展会、我国香港的香港国际成衣及时装材料展（Interstoff面料展）、中国国际服饰博览会、法国权威预测机构Promostyl发布的《材质流行趋势手稿》。纱线、面料博览会上通常会展出新的流行色彩概念、新型材料以及上一季典型材料，有时还会运用服装更直观地展示这些新的发展趋势。

图1-34是POP服装趋势网（时尚设计资讯网络平台）发布的2015春夏面料流行趋势预测。图1-34（a）是富于表现力的画笔描边泼溅颜料外观，墨水般的经纱印花和绘画风提花图案模拟了纹理绘画的应用，打造出桃木纹理外观的休闲牛仔、棉衬衣面料和装饰性丝绸提花面料。图1-34（b）是骨骼图案，精致的骨骼结构启发了西装面料和夹克重量面料中细腻的单色纹理设计，其中包括扭曲纬纱结构、顺色人字纹、加粗纬纱人字纹条纹和褶皱强化的细条纹。图1-34（c）是西装面料吸纳了粒面设计的美感，呈现为满地微型图案、粒面格纹和装饰性定位印花条纹，通过暖色调的樱桃红色和纹理的定位对印花细节进行了诠释。图1-34（d）表现的是薄纱上的几何图形，切割的晶体和斜边玻璃为精致的薄纱提供了灵感来源，并通过纹理的几何图形对细节进行强化，例如棉纱绳窗格纹、蚀花的欧根纱"V"字形花纹和浸染的热定型褶饰。

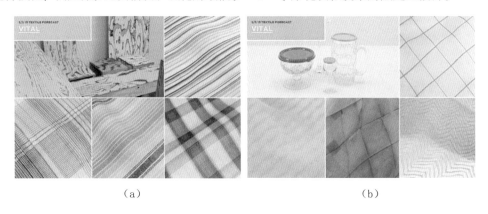

（a）　　　　　　　　　　　　　　　　（b）

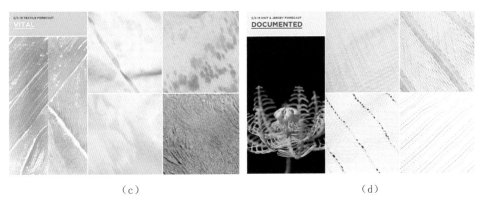

（c）　　　　　　　　　　　　　　　　　　（d）

图1-34　POP服装趋势网发布的2015春夏面料流行趋势预测

3. 风格款式预测

风格款式预测的发布机构以始创于1967年法国的Promostyl最为著名。Promostyl推出的流行趋势手稿专门剖析未来潮流趋势，提前18～24个月为客户提供明确而具体的解决方案，其中就包括《设计风格趋势手稿》。这部手稿阐述了翔实而丰富的大主题，定义着每个季节的流行时尚，并配有丰富的效果图、款式图和照片，以此来展现写实而准确的未来时装潮流，如图1-35所示。

图1-35　Promostyl发布的女装款式风格设计趋势

（四）流行预测的发布

流行趋势的发布形式包括平面发布形式、静态展示发布形式与动态服装表演发布形式。我们在网站、期刊上搜集到的色彩、面料、款式风格流行趋势资讯一般都是以平面发布形式为主，但其中有对动态服装表演发布形式的图片整合。

流行色的平面发布形式通常包括四个部分——主题名称、主题画面、主题概念的简单描述、主题色卡，有时也会结合服装款式做不同主题流行色的发布，如图1-36所示。纱线与面料的平面发布形式一般包括五个方面的内容：主题名称、主题描述、主题画面、面料图片和色卡。款式的预测通常会综合色彩、材料与款式，文字描述包括对于色彩、纤维与款式的描述，在主题画面里也包括面料图片，整体营造出下一季的表情。当然这几个部分的内容组合会依据需要做适当删减。如图1-37所示，POP服装趋势网仅通过文字和图片来表达2019年的款式预测。

图1-36　2019流行色预测的平面发布

图1-37　POP服装趋势网2019款式预测的平面发布

第二章
成衣设计的基本法则

成衣设计作为服装设计的一个重要组成部分，兼具时尚性、实用性、批量化和商业性等特点。可见，成衣是一种商品，既然是商品，其必然有着商品的功利性特征，由此也决定了成衣设计不是艺术创造，而是创意性、实用性、市场化和利润率等因素的综合体。市场化和利润率决定了成衣设计具有时效性。成衣设计具有的商品性特点决定了服装设计师不仅要具备创作灵性，更应将自己放在"市场"的角度去思考和审视设计，并遵守其背后的基本法则。

第一节　成衣设计的时效性法则

成衣设计是以市场为导向的设计。它的市场属性以及成衣流行的特征，决定了成衣投入市场的及时性与有效性，也就意味着成衣设计时需遵循时效性法则，这样才能更加准确地把握消费者，把握流行。成衣设计时效性法则的内容可以从流行元素的时效性、季节的时效性、心理需求的时效性这三方面来理解。

一、流行元素的时效性

中国古书《礼记·檀弓上》中就有"夏后氏尚黑"的描述。自古以来人们就追求着流行，古人尚且如此，更何况现代人。现代人对于流行的追求已经达到了狂热痴迷的程度，一阵流行风渐渐刮来，使得尘世中的人们不约而同地走向流行的行列。从人们的思想、观念、认识到生活方式的改变；从言谈举止到争先恐后的行动；从吃穿住行到学习、工作、娱乐等。时尚的潮流驾驭着人类前行的历史旅程。

流行又称时尚，是一种客观的社会现象。它是指在一定的历史时期，一定数量范围的人，受某种意识的驱使，以模仿为媒介而普遍采取某种生活行动、生活方式或者观念意识时所形成的社会现象，反映了人们日常生活中的兴趣和爱好。它通过社会成员对某一事物的崇尚和追求，使社会成员达到身心等多方面的满足。它所涉及的内容相当广泛，不但有着人类实际生活领域的流行，而且在人类的思想观念、宗教信仰、审美观念等意识形态领域也存在。但是在众多的流行现象中，与人密切相关的成衣总是占有显著的地位，它不但是物质生活的流动、变迁和发展，而且反映了人们世界观和价值观的转变，成为人类社会文化的一个重要组成部分。

成衣流行是在一种特定的环境与背景条件下产生的、多数人钟爱某类成衣的一种社会现象，它是物质文明发展的必然，是时代的象征。成衣流行是一种客观存在的社会文化现象，它的出现是人类爱美、求新心理的一种外在表现形式。这种流行倾向一旦确定，就会在一定的范围内被较多的人所接受。例如生产童装的设计师要看动画片，要知道这个时期最流行的动画片是什么，孩子们最喜欢的卡通人物是谁，只有把童装和生活有机地结合，才能设计出孩子们喜欢的流行童装。成衣流行的式样具体表现在款式、面料、色彩、图案纹饰和装饰工艺以及穿着方式等方面，并且由此形成各种不同的着装风格。

一般成衣的流行要素主要有以下几个方面：①成衣款式的流行倾向，主要是指成衣的外形轮廓和主要部位的外观设计特征等；②成衣面料的流行倾向，主要是指面料所采用的原料成分、织造方法、织造结构和外观效果；③成衣色彩的流行倾向，主要是指在报纸、杂志上公布的权威预测，并在一定的时间和空间范围内受人们欢迎的色彩；④成衣纹样的流行倾向，主要是指成衣图案的风格、形式、表现技法，如人物、动物、花卉、风景、抽象图案、几何图形等；⑤成衣工艺装饰的流行倾向，主要是指在不同时期采取的一些新的机缝明线的方法。这些流行要素的时效性具体体现在周期性与时空性两个方面。

（一）流行元素的周期性

同理服装流行周期，成衣流行周期是指一种流行式样的兴起、高潮和衰落的过程。流行的周期，循环间隔时间的长短在于它的变化内涵。凡是质变的，间隔的时间相对较长；凡是量变的，间隔的时间会相对短一些。所谓"质变"，是指一种设计格调的循环变化。一种成衣款式新颖，可能流行一两年就过时了，但它仍旧是一种格调、风格，只不过不再是一种流行款式而已。但是在若干年后，它又会以一种新的面貌出现。美国加利福尼亚州立大学教授克罗在观察了各种服装款式的兴起和衰落后，得出了这样一个结论：服装循环间隔周期大约为1个世纪，在这间隔里又会有数不清的变化……人们对于服装特征的独立研究表明，某种服饰风格或者模式趋向于有规律的周期性重现，时尚周期的另一个尺度与"循环周期"的原则相关，即是一定时期的循环再现。近年来，国际成衣流行的周期性循环现象比比皆是，比如典型外轮廓造型之一的直筒式，是流行于20世纪初迪奥风格成衣的再现，而复古自然回归等主题，也是成衣格调的周期循环，如图2-1所示。

图2-1 迪奥风格的成衣

人类不同的文化背景、观念意识，对审美的影响是深刻的。当代是人类个性充分发展的时代，人们的审美观千差万别，一些历史观往往以一种新的形式复活，服装的周期性正好说明了这一点。

在成衣流行的时间上，周期的长短没有固定的时间界限，短则几天、几个月，长则数年。成衣流行周期从介绍阶段到衰落阶段呈现大起大落的突出特点。介绍阶段是指新款成衣刚刚投放市场，通过广告宣传，消费"带头人"的购买作用，开始为消费者知晓的阶段。这一阶段是成衣产品的试销期。衰落阶段是指成衣产品对大多数消费者而言不再具有吸引力，消费"带头人"早已放弃这种商品，转而去追求另一种流行样式，此成衣产品开始廉价抛售，最终退出市场。另外，成衣的流行周期具有一定的循环性。例如，如果一个人穿上离时兴还有5年的时装，可能会被认为是稀罕物，精神不太正常；提前1年穿上，则会被认为是大胆的行为；而在流行的当年穿，会被认为非常得体；而1年后再穿就显得土气；5年后再穿，就成了"古董"；可过了20年再穿，又会被认为很新奇，又有可能成为时尚。比如"迷你裙"的再次回归，就说明了成衣流行周期具有一定的循环性，如图2-2所示。

图2-2 "迷你裙"的再次回归

此外，流行和富于变化是成衣的一个重要特点，大多数成衣的流行周期只有一个季节。特别是随着人们生活水平的提高，人们的消费观念开始改变，追求个性、多变、新奇的成衣已经开始成为时尚。成衣流行周期短，不仅仅表现在季节性更迭，还可能发生在面料、色彩、款式、设计和其他配套方面。

（二）流行元素的时空性

流行元素联系着一定的时空概念，时间与空间都有它们的相对性。因为"新"在流行的过程中是最具有诱惑力的字眼，流行只有在"新"的视觉冲击下才能保持旺盛的生命力。所以今天的流行、明天的落伍便成了司空见惯的现象；服装更新得越快，它的时效性就越短。从法国服装中心几十年来展示的服装中可以看到风格的突变：曾经是色彩灰暗、宽松的服装流行全球，继而便是金光闪闪、珠光宝气、缀满饰物的服装充斥市场；喇叭裤虽然以挺拔优美的气质独领旗帜许多年，但是仍然无力抵挡流行的浪潮，最终被宽松的"萝卜裤"占先，紧接着又出现了直筒裤、高腰裤以及实用而又优雅的宽口裤、九分裤和七分裤等。服装款式的变换、花样的翻新令人眼花缭乱。近年来，就连人们认为变化比较稳定的男装，也因为受到潮流的影响冲击而在不断地变化着。

二、季节的时效性

自然环境是影响人类着装的重要因素之一，在不同的自然环境下，人们对服装的要求也不相同，因而形成了不同地域特点的服装，比如江浙地区以小巧为主，北方地区以粗犷为主。季节的变化也意味着气候的变化。服装市场的季节性特点最为明显，人们常说的春秋装、夏装、冬装反映的就是服装季节性的特征。

成衣同样是季节性很强的产品。虽然许多地区都是春夏秋冬四季分明，但是有些地区季节时段的比例不是平均的，同样是春夏季，某些地区春季长，夏季短，而有些地区则相反。因此，必须考虑产品在季节时段上的延续性和人们的消费习惯，不能按照季节平均分配款式数量。

成衣在设计时效上要能适时地供应市场，且不失其季节性。从广义上来说，美具有时代性，服装美同样具有时代性，服装美是服装设计的基本原则，也是现代人选择成衣最主要的购买指数之一。要抓住季节审美共性是对设计师的要求，而抓住了时代审美共性也就是抓住了服装的流行。作为成衣设计师，如果对时尚和季节性反应迟钝那是不可饶恕的，这个不可饶恕将会体现在企业的经济运行之中。因此，成衣设计师需要利用一切可用的因素，把握住成衣的季节性，设计出具有时代感的成衣。

同时，节假日因为客流量集中和商家促销而成为购物旺季。目前，国内"假日经济"威力无比。为了促销需要，在系列策划时应该考虑每个销售季节能够形成旺销的节假日因素，根据该节假日特点，组织好货品。除了几个"黄金周"以外，其他节假日也是值得注意的促销时段，例如春节、情人节和圣诞节等，这些促销时段的促销手段往往也离不开商家店铺的氛围营造，而橱窗陈列设计是氛围营造的主场之一，如图2-3～图2-5所示。

成衣消费具有季节性变化的特性，比如国际"快时尚"巨头如ZARA、H&M等。品牌服装企业存在不能全面及时地把握市场季节性流行的可能，以至于不能有效预测市场需求并设计出适销对路的成衣，从而对其生产经营产生不利的影响。相对而言，服装设计企业着眼于整个服装市场搜集资讯，合作品牌众多，市场视野更广阔，对于流行趋势的把握也可能更准确，因此，越来越多的品牌服装企业开始寻求和其他设计公司的合作以提高季节性趋势把握能力。

图2-3 春节促销橱窗氛围营造

图2-4 情人节促销橱窗氛围营造

图 2-5　圣诞节促销橱窗氛围营造

三、心理需求的时效性

消费者心理需求的时效性是一种社会消费现象，是消费者普遍心理共鸣的反映。消费者的消费欲望虽然千差万别，但往往也有某种共性，这些共性就有可能产生成衣设计的流行。成衣流行突出的特点就是它具有新奇性，因而具有很强的吸引力。消费者常因求新求美、求变求异而引起对商品的注意，使其逐步产生追求感和购买动机。消费者心理需求时效性的原因是生产力的发展和人们的物质需要、精神需要的增长。心理需求是不断发生变化的，其运动周期也长短不一。当某种商品的时尚性、流行期已过，消费者在购买时就会降低兴趣或者将其排斥在选择范围外。

现在，衣柜中的服装更替的速度越来越快，"快时尚"就是在这种心理需求下诞生的。人们喜新厌旧的审美心理特性是流行得以存在和发展的重要心理基础。如果视觉神经总是接受某一种或某几种颜色就会产生视觉疲劳，心理上也会产生一种厌烦的感觉，这时需要有新的色彩来调节视觉视域从而产生刺激。求新求奇是人类共同的心理特征，人类具有喜欢变化和追求新奇的天性，人们是在不断追求新的色彩视觉平衡中前进的。在现实生活中，人们总是用服饰去展示自

我，显示个性，这就希望不断地寻找新的色彩刺激，流行色满足了人们的这种心理变化，如图2-6所示的路人成衣街拍，其色彩的运用很好地彰显了人物的个性。

因此，对于服装设计师来说，任何脱离社会，抓不住时代流行特点和时代演变的重点，把握不住穿着者心理、生理的需求，必然是不行的。

图 2-6　路人成衣街拍

第二节 成衣设计的经济性法则

成衣是民众生活的必需品，其设计定位理论根据大众需求而设定。由此可见，成衣设计的对象是大众消费群体。企业生产成衣，大众消费成衣，企业需要盈利、生存与发展，大众消费者需要物美与价廉。出于对这两者的考量，成衣设计师进行设计时则需要两者兼顾，遵循经济性的法则，即要将成本的要求、社会购买力考量以及消费群层次定位这三方面的因素融入设计的环节中。

一、成本的要求

如何以最少的成本为企业争取最大的利润是设计师必须考虑的，即设计师要设计美观易销又低成本的成衣，在这种矛盾下，成衣设计师就要懂得原材料的成本和工艺成本等，尽可能地降低设计成本。成衣设计师不应随心所欲地进行构思设计，而应该在构思设计过程中始终保持商业性的头脑，也就是说服装上的每一条线迹、每一颗纽扣都要考虑成本核算，并要适于在生产上的流水线工艺制作。比如从面料的选择开始，要考虑如何选择物美价廉的面料；在绘制设计稿的过程中，减少手工制作工序和表面装饰，尽量减少不必要的附加装饰；同时也要在构思设计时，尽量使设计能够周到、完整，减少多次试做样衣的成本等。

在设计成本上必须降至最低标准。我国加入世界贸易组织后，行业平等、规范竞争逐渐全面放开。竞争是多方面的，而服装成本对于服装业的竞争而言是至关重要的。我们从近年来家电行业的价格竞争可以得到不少的启发，汽车市场的价格竞争又可以帮我们更进一步看清市场的规律。从服装生产企业来讲，高昂的成本往往意味着管理水平的低下，最后死路一条。这也要求设计师在设计成衣款式时就要有服装成本观念，将成本因素贯穿于设计行为之中。

二、社会购买力考量

社会购买力是在一定的经济发展阶段，一定收入水平的基础上，国内和国际在零售市场上用于购买商品的货币支付能力，它是市场需求预测的主要相关因素之一。对社会购买力的考量，能帮助服装企业更好地把握消费者市场，做出正确的成衣产品企划。

（一）社会的经济因素

社会经济的发达与否直接影响到成衣的发展变化。现代服装流行的一个主要特点是：服装流行是一种商业行为的结果。在所有的服装流行过程中，处处都体现着价值的作用，个人的消费行为选择就是购买力的问题。个人的购买力取决于个人的经济收入状况，它是对一个国家经济实力的客观综合评价。如果社会经济繁荣、富足，人们对成衣的需求量增大，款式的翻新要求增多，促使成衣设计师不断创新，新的时尚潮流不断涌现；反之，当社会经济萧条时，人们的生存经济问题都难以解决，就更不会把精力放在穿衣打扮上。购买力降低，服装的生产力下降，服装趋势的变化会趋于缓慢的发展状态。

（二）服装的经济性原则

社会的不断发展，让人们富裕起来，解决了人们基本的温饱问题。服装作为人们生活的必需品，成为更多人追求美的表现。但是，服装作为一个生活中基本的消费品，在价格的设置上必须要合理，要保证能够让人们都可以接受、可以消费。当然，现在也出现了一些非常昂贵的服装，但那只能成为服装界的一种艺术品，或者是成为少数人炫耀的资本，无法大众化。经济适用是当前人们对于美好事物的形象解释。相同价格中，性价比更高的当然会获得消费者的肯定。因此，服装设计师在设计服装时，应该考虑到消费者的实际消费水平，选择比较舒适而价格又相对比较低廉的材质。

（三）影响成衣购买力的主要因素

1. 成衣购买行为

消费者的购买行为受到许多因素的影响，它们相互作用，形成一个复杂的因素体系，最终促使购买具体行为的形成。

根据消费者的参与程度和品牌差异的程度，可以将购买行为分为四种类型。

（1）复杂型购买行为。复杂型购买行为是品牌间有较大的差异，消费者非常关注和高度介入的购买行为。

（2）减少失调的购买行为。减少失调的购买行为又称化解不协调购买行为。比如，有些消费者购买成衣商品，价格昂贵，不经常购买，牌子之间区别不大，购买时具有一定的风险。购买者多是经过一番比较、选择后才决定购买，但是购买后，消费者有时会产生一种不协调的感觉，因为他们注意到了商品上一些使他感到烦恼的缺点，于是他们会以各种理由来寻求自我安慰。

（3）寻找变化型购买行为。某些商品不同的牌子间差别很大，即使是同类产品也有新产品不断涌现，消费者在不愿花费更多的时间、精力选购的情况下，通过重复购买时改变品牌来追求多样性。

（4）习惯性购买行为。对于那些价格低廉、购买频率高、品牌之间差别小、消费者比较熟悉的商品，通常只凭经验购买。

2. 成衣购买力投向

成衣购买力投向是指在购买力总额既定的前提下，在各类商品之间的分配比例。影响购买力投向的主要因素如下。

（1）成衣购买力水平和增长速度。成衣购买力水平是指在一定时期内平均每人购买力的大小。购买力增长速度是指计划期的购买力比上期的购买力增长的快慢程度。从近几年的发展趋势来看，吃的比重逐渐降低，而穿的比重逐渐升高，高档服装的需求在总需求比重中逐年上升。

（2）消费条件。消费条件是指自然条件（如气候、地理等）、社会条件（如居民人数、性别、年龄、职业、文化程度、民族、风俗习惯、社会发展趋势等）和生产条件（如基本建设、工业、交通运输的发展等）。一个地区的消费水平是逐渐形成的，有相对的稳定性，因而形成一定的消费标准和需求标准。

图2-7　芬迪2018～2019秋冬男装系列广告大片

（3）成衣生产和供应情况。新产品、新品种、高质量的成衣会吸引购买者，但如果某些成衣供应不足，也会影响购买力。

（4）成衣销售价格的变动。成衣的销售价格变动会直接影响购买力。价格提高，人们一般不会购买。

（5）成衣供应方式及广告媒介。成衣供应方式及广告媒介直接影响着购买力。由于电视、网络的普及，广告宣传也将引导人们追赶潮流，产生购买欲望，如图2-7所示的芬迪（FENDI）拍摄的2018～2019秋冬男装系列广告大片，这对消费者的购买欲具有刺激作用。

（6）社会集团购买力的变化。由于社会集团购买力大部分用于购买穿的（如劳保工作制服）、用的（如办公用品、书报等）和医药用品，当这部分购买力发生变化时，会对成衣需求构成一定影响。

（四）如何吸引消费者购买商品

消费者作为一个独立的个体总是生活在不同的社会文化和经济环境中。他扮演的是社会的角色，因而起着社会消费的作用。企业一切经营活动的出发点都是消费者，其目的仍然是消费者。消费者由于个人的性格、修养、教育程度以及经济条件的差异，在具体购买活动中，会产生不同的购买行为。能够让消费者购买自己的服装，产品设计研发才会有意义。

消费者购买是产品存在价值的直接体现，而能够引发消费者产生消费购买行为是企业可以主动把握的事。消费行为是指消费者为满足个人或者家庭的需要而购买商品的决策和行为。消费者的需求是企业产品研发的方向、目标。企业想开发受消费者欢迎的产品，就必须研究消费行为。尽管消费行为容易受到多方面因素的影响，且其形成过程相对较为复杂，但是从总体上来看，该行为的发展有它本身形成的规律性。

三、消费群层次定位

成衣设计的经济性法则，除了要求设计师把握住成本与社会购买力这两个因素，还需要设计师在设计的环节中明确消费群层次定位，根据具体的目标客户群，进行恰当的质量、款式、价格等方面的成衣设计。收入阶层的不同，成衣市场也有着明显的层次之分，成衣的层次性反映在成衣的档次和相应的价格上。第一个层次是高档名牌成衣消费群，为高收入阶层，穿着讲究、追求名牌；第二个层次是中档成衣的消费群，比较注重成衣的质量、款式、品位和个性，并要求价格适中；第三个层次是低档成衣的消费群，注重实用和价格低廉。

第三节　成衣设计的市场需求法则

随着我国社会经济的发展，人们的服装审美水平不断提高。如今，成衣企业和设计师面对的是更加挑剔的消费者和多元化的市场需求，因而成衣设计要让设计作品得到市场和消费者的认可。设计的中心问题在于市场需求，成衣设计的成功与否关键是看设计师所设计的款式被市场认可的程度。市场认可就成功了，市场不认可，设计师的想法再多、理念再新也是失败的。在服装商业中，理论来源于实践，并指导实践，这是一个循环规律，所以成衣设计师必须要"务实"，要脚踏实地，从市场中来到市场中去，在设计的过程中充分贯彻市场的理念，在进行设计时遵循市场需求的法则。

一、号型需求

服装号型系列是按人体体形规律设置分档号型系列的标准。依据这一标准设计、生产的服装称号型服装，标志方法是：号/型。号表示人体总高度，型表示净体胸围或腰围，均取厘米数。服装号型系列为服装设计提供了科学依据，有利于成衣的生产和销售。

服装号型系列产生之前，我国各地服装没有统一的号型标志。有的地方上衣规格以衣号和胸围大小来表示，衬衫以领围大小为标志；有的地方将服装分为特、大、中、小号。

1. 号型标准

号型标准提供了科学的人体结构部位参考尺寸以及规格系列设置，是成衣设计和生产的重要依据，服装生产不仅需要款式设计，而且还需要规格设计，以满足不同消费者的需求。

2. 号型定义

"号"指人体身高，是确定服装长度部位尺寸的依据。人体长度的方向的部位尺寸包括颈椎点高、坐姿颈椎点高、腰围高、背长、臂长等，这些部位尺寸与身高密切相关，且随着身高的变化而变化。

"型"指人体净胸围或者净腰围，是确定服装围度和宽度部位尺寸的依据。人体围度、宽度方向的部位尺寸如臀围、颈围、肩宽等都与人体净腰围或者净臀围有关。

3. 体形分类

只有身高和胸围还不能够很好地反映人体的形态差异，具有相同身高或者胸围的人，其胖瘦形态还可能会有较大的差异。根据一般规律，胖人腹部一般比较丰满，腰和胸的落差较小，我国的新号型标准增加了腰胸差这一标准，并根据腰胸差的大小把人体体形分为四种类型，即Y、A、B、C四种体形。Y体形为宽肩细腰，A体形为一般正常体形，B体形腹部略突出，C体形为肥胖体，具体差值为：男（Y）22～17cm，（A）16～12cm，（B）11～7cm，（C）6～2cm；女（Y）24～19cm，（A）18～14cm，（B）13～9cm，（C）8～4cm。

4. 号型应用

作为生产者，必须了解服装号型标准的有关规定。号型标准提供给设计者有关我国人体体形、人体尺寸方面的详细资料和数据。在设定服装号型系列与规格尺寸时，号型标准可以提供最好的帮助，它是确定服装规格的基本依据。

在号型实际应用中，应该首先确定穿着者的体形分类，然后根据身高、净胸围或者净腰围选择与号型系列中一致的号型。对服装企业来说，在选择和应用号型系列时应该注意以下几点：对于国家标准中没有规定的号型，也可以适当扩大号型覆盖范围，但应该根据号型系列规定的分档数进行设置；最为重要的是要考虑到尽量满足消费者的需求，又尽量减少增加生产的复杂性。

作为消费者，可以根据服装上标明的服装号型来选购服装。服装上标明的号型应该接近于消费者的身高和胸围或者腰围，标明的体形代号应该与消费者的体形类别一致。

二、层次需求

美国心理学家马斯洛认为：人们的需求是有层次的，正是由于人们的不同需求才最终激发了他们不同的行为动机。他将人的需求分为五个层次，由低到高，逐级深入。首先处在第一层次的是生理需求，也是最普遍的需求，然后依次为安全需求、社会需求、尊重需求，最后是处在阶梯顶端的自我实现需求。它们是由低级向高级逐渐形成和发展起来的，如图2-8所示。

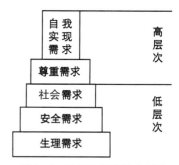

图2-8 马斯洛层次需求理论

从消费者需求的角度来看，由于人们经济水平的逐渐提高以及文化生活的不断丰富，对于成衣的追求也趋于更高层次的需求，因此，结合马斯洛需求层次理论中的五个层次，来对消费者购买成衣这种特定的选购进行分析，主要有以下几点。

（1）基本需求。成衣的存在是因为成衣首先具有保障生命延续的功能，即御寒保暖的特性。因此，人们对于成衣的基本需求包含基本的质量需求、舒适性需求以及经济性需求。

（2）受尊重的需求。成衣作为一种看得见的符号，在一定程度上是群体识别的标志，购买成衣的行为不仅体现了人们归属于群体的愿望，还表现了人们对他人尊重的同时也受到他人尊重的期望。因此，成衣的受尊重需求是人类群体观念的体现，人们希望通过成衣被群体接纳，得到他人的尊重。

（3）文化性需求。随着经济的快速发展，人们的生活水平也日益提高，人们对于成衣的消费由过去单纯的功能性转向多层次的需求。文化性需求就表明了成衣消费者对于成衣的品牌文化需求，包括成衣品牌的历史、核心价值观，以及沉淀在成衣中的文化活动等的需求。

（4）个性享受的需求。这是消费者对成衣需要的最高层次，此时，消费者追求的已经不再是"别人眼中的自己"，他们购买成衣是为了张扬自己的个性，追求生活的享受。因此，消费者对成衣的需求已经不再是获得实物本身，而是追求独特的个人价值，追求情感上的满足，实现自我。

成衣设计师要明确市场才是检验设计是否成功的唯一标准。成衣设计的成功与否关键是看设计师所设计的款式被市场认可的程度。服装设计是艺术但又不能完全超脱，它必须是被消费者接受的艺术。作为成衣设计师要摆脱艺术家情结，成衣设计师不是艺术家。艺术家的创作目的是追求自我表现，而成衣设计的目的是为企业赚取最大利润。怎样才能满足目标客户群的需求是成衣设计师的研究方向，认识这一点，要将自己的个性化的设计与市场需求进行融合，不能太艺术化，要将艺术化的设计转化为能够被消费者喜欢的商品。设计的过程不仅仅是设计师展示技术和发挥想象力的过程，更主要是设计师在时代潮流推动下与使用者不断沟通满足消费者需求的过程。因此，我们应该研究消费者的细微要求，来得到消费者的青睐，这样才能不被市场所淘汰。

三、利润需求

服装的款式设计要遵循既被消费者认可，又能符合生产上经济省料的原则。成衣款式的设计要有"成衣性"，既要考虑款式的市场效应，又要考虑款式对机械流水作业的可操作性。要尽量避免设计的随意性，自我欣赏性。从某种意义上讲，成衣设计不需要设计师过于超前的创造性，重点需要设计师对市场的把握，对消费者心理的掌握，对市场流行的综合预测。

（一）需求的可诱导性

消费者需求具有可诱导性。研究消费者的需求，了解消费者的新需求、新方向，分析消费者购买的动机，就可以密切配合消费者的心理活动与购买程序，采取有针对性的、突破性的产品研发。

（二）卖点以动机为落脚点

卖点是根据需求展开设计的，它必须体现需求的本质。但是，卖点如果仅仅体现在反映需求上，那么它永远只是没有吸引力的概念。卖点必须能够反映需求，并在此基础上引发消费动机，这才能够成为研发产品。

动机是指引发并支配人们各种行为的需求。购买的动机是在需求的基础上产生的，凡是推动消费者为满足需求发生购买行为的意念、愿望、理想等都是消费者行为的动机。但是动机并不等于购买。在今天，面对满足同一需求的无数产品，动机更不等于特定产品的购买。只有能够引发动机、激发动机，从意念变为行动的有卖点的产品，才能够使企业获得市场。

四、心理需求

所谓"动机"，是推动人们去从事某种活动、达到某种目的，并指引活动去达到目的的动力。任何动机都是在一定需要的基础上产生的。不同的消费者由于心理特征的差异，其消费需要也是多种多样、千差万别的。人们往往要求某一商品除了具备某种基本功能以外，还要兼具其他的附属性能。例如，内衣是为了保护身体，但是人们也越来越注重它的款式、颜色、面料的变化。消费者需求的差异性取决于消费者自身的主观状况和所处的消费环境等因素。每个消费者都会按照自身的需求选择和购买商品。随着科学技术的不断进步，各种新的消费意识、消费潮流不断涌现，并呈现出一系列新的消费需求趋势。在成衣购买中，驱使消费者的往往是情绪动机和情感动机，这是对时尚的渴望，以追求商品的新颖、奇特和时髦为主要目的的购买动机或者追求商品美感的购买动机。消费者对美学价值和艺术欣赏价值的要求较高时，会产生此类动机。

（一）求新、求异心理动机

求新、求异心理动机是以追求产品的新颖、奇特、时尚为主要目的的消费动机，其核心是"时尚"和"新颖"。具有这种动机的消费者往往富于想象，渴望变化，喜欢创新，有强烈的好奇心。特别是在购买成衣的过程中，他们更注重的是成衣的款式是否新颖独特、是否符合当前时尚等。新中求异也是消费者的消费动机，他们往往在新款式中寻找具有独特风格的时尚成衣，以体现个性。这类消费者经常凭借一时兴趣，冲动式消费。

（二）慕名心理动机

在现在的商机中，一些名牌产品及企业由于产品质量精良、市场竞争力强而备受消费者的青睐。许多消费者处以慕名心理而将产品定为消费目标。我们知道，名牌成衣是地位、荣誉、财富的象征，是成功人士的身价体现。消费者不再单纯地追求商品的使用价值，更主要的是获得心理和精神上的满足，他们更注重的是商品的社会荣誉和象征意义。购买名牌不仅仅可以满足消费者追求名望的心理需求，而且能够降低消费风险。同时，名牌成衣又会给人带来更多的自信，如图2-9所示。

（三）求美心理动机

追求美好事物是人类的天性，体现在消费活动中，就表现为消费者对商品美学价值和艺术欣赏价值的要求与购买动机，其核心就是"装饰"和"美化"。具有求美动机的消费者在挑选成衣时，特别注重成衣的款式造型、色彩、面料的质感以及艺术品位，希望通过购买高雅、制作精良的成衣来获得美的体验和享受，通过色彩、款式新颖的成衣搭配，美化自己的形象，体现自我品位。这类消费者同时注重商品对人体和环境的美化作用以及对精神生活的陶冶作用。不同的消费者有着不同的求美动机，对成衣的选取搭配也不尽相同，如图2-10所示。

图 2-9 名牌成衣

图 2-10 不同消费者喜好的成衣

（四）求廉购买动机

求廉购买动机是以商品价格低廉，希望以较少的支出获得较多利益为特征的购买动机。处于这种动机的消费者在选购商品时会对商品的价格进行仔细比较，在不同品牌或者外观质量相似的同类产品中选择价格较低的商品。近年来，由于市场竞争日益激烈及新品牌不断涌现，一些品牌成衣通过进行了不同幅度的打折降价活动来吸引消费者。比如，在百货商场经常看到品牌特价打折的大卖场（图2-11），总是人头攒动，热闹非凡。对于成衣企业而言，一方面是尽快处理掉当季的产品，以免款式过时而导致积压；另一方面，通过这种形式的促销可以更有利于品牌的宣传以及销售。而对于消费者而言，能够花更少的钱，特别是以比原价低的价格，买到品牌商品，何乐而不为。

因此，对于成衣企业而言，应当深入了解消费者形形色色的购买动机及心理，在准确把握消费者心理的同时又要保持品牌的独特风格，在紧跟潮流趋势的同时又兼备自我个性突出，从不同方面满足消费者的需求。

图 2-11　打折促销的成衣

第四节　批量生产属性的设计原则

成衣是服装企业按照号型标准批量生产的服装，一般商场、成衣商店里出售的服装都是成衣。成衣设计要遵循批量生产属性的原则。

一、批量生产对成衣设计的要求

服装的生产特征主要分为定制和批量生产。

定制的生产特征表现为根据设计要求结合穿着者的体形身材和工作环境来生产制作，从色彩、面料、款式、整体搭配等多方面考虑，提供具有个性化的定制方案，为企业打造赋予内涵以及品位的全新个性化形象。

现今，除了部分奢侈品品牌的高级定制服装仍然采用手工制作外，大部分的服装品牌都以批量生产的方式完成产品的生产。批量生产也叫工业化生产，在服装行业就是成衣生产，分为自主生产和外包生产两种。

批量生产的特征表现为一次生产多件款式、面料、色彩和工艺等完全相同的成衣。成衣从一个被小规模群体统一的穿着，发展到了被大规模群体穿着的服装，这中间最明显的就是人们对成衣接受程度的要求。一款成衣生产甚至可以达到上百万件，这同时装有了明显的区别。一款时装的生产即使是大品牌的服装公司，在生产过程中，也势必会考虑到生产数量的问题，因为时装的设计还是一种针对性的小范围内的创作，更加注重多款式的搭配组合。

成衣批量生产模式比较传统，可以通过合理地排料来节约原材料，减少机器设备和工具的更换时间，工人能够较长时间地从事一种作业，容易提高劳动的熟练程度，因而劳动生产率提高，从而节省人力、财力、物力乃至时间，并有效地利用各方面的资源。

二、满足制作设备需求的设计

成衣设计的目标是强调最终设计结果的完美，这一目标由出现在销售终端的产品来体现。然而，实现这一目标的前提是首先做到整个设计过程每个环节的完美。过程之和得到结果，强调过程的完美是为了获得结果的完美，一个完美的过程是一个完美结果的保证。因此，每一个操作环节的完美是最终设计结果完美的基本保证和先决条件。

为了做到这一点，从流行主题的选择、设计元素的归纳，到草图的审定、最终完稿的表现等，都需要经过由粗到精、由表及里的程序来保证。这也是由成衣设计的三大特征带来的必然结果，因为完整性意味着不可缺项，规范性意味着不能随心所欲，计划性意味着保持工作的协调。

成衣的款式设计必须要考虑它的批量可生产性和生产的高效性。成衣企业不是裁缝店，成衣生产往往需要流水作业的多道工序来完成，款式与结构的不同直接关系着成衣的生产效率。有不少刚从院校毕业的大学生，在服装企业设计成衣时往往会有这样或那样的问题，总是想法多实用少，考虑不全面，他们设计成衣的"成衣性"还不够。其原因主要在于刚毕业的大学生对成衣生产工艺结构不够了解，其所设计制作的款式工艺单在版师手下无法转化成生产技术文件，无法用企业现有的机械设备去实现，最终也就无法给企业带来价值。因此，在服装企业中，刚毕业的大学生必须先了解服装企业生产车间的工作流程，了解企业现有的制作设备，这样才能设计出符合企业要求且适销对路的成衣商品。

第三章
成衣设计的灵感与手法

前面介绍了成衣设计的基本法则，这是为设计师之后具体的设计实践做理论上的梳理。本章将通过不同的角度来谈谈成衣设计师在具体设计环节上如何进行前期要点分析、市场调研、灵感收集以及创作手法的把握，以为企业设计出更贴合市场、贴合消费者、贴合潮流时尚的成衣作品。

第一节　成衣设计要点分析

这里的成衣设计要点分析是从企业设计师的角度出发的，指的是设计师在开展成衣设计工作之前，首先需要对销售数据和服装心理进行分析，做到心中有数，这是前期的一种工作准备。只有对上季度销售数据进行正确的分析，才能正确开展下季度的设计工作，做到更好地把握市场。同样地，只有对服装心理分析的知识有所了解，也才能更好地服务消费者，为目标客户群设计出符合心理诉求且畅销的服装产品。

一、销售数据分析

前面提到成衣设计以市场的运行规律为基础，是以市场为导向的设计，不能简单地仅凭设计师的主观判断来设计。市场是检验设计是否成功的唯一标准。成衣设计的成功与否关键是看设计师所设计的款式被市场认可的程度。款式受欢迎，需求大，才有后期企业的加产加量。相反地，销量少，销售不理想也就没有之后的再生产。这也说明了企业设计师在进行下个季度款式开发设计时，不能忽视对上个季度甚至是之前全季度的不同款式销售数据的分析。对销售数据的分析有利于设计师更好地把握与分析消费者市场、消费者的喜好以及流行元素。

从更广的角度来讲，地区服装行业的销售数据分析能便于企业管理者以及设计师更好地了解某个地区某个时段整个服装行业的消费情况以及不同风格服装品牌的销售波动情况，在此基础上甚至能够得出更深入的数据分析报告等，这也有益于企业服装品牌来年发展企划的制订。总之，对销售数据的分析是成衣设计师进行设计时必须做的一项工作。

以下以上海地区2016年5月份的服装销售情况为案例进行分析。

（一）市场纵览

据上海服装行业协会网络定期统计报表显示，2016年5月，上海十大商场服装大类商品共销售71.4万件（套），环比增加4.4万件（套），环比增长6.6%；同比减少16.5万件（套），同比下降18.9%。2016年5月，服装大类商品销售额为3.26亿元，环比下降11.5%；同比下降14.3%。本月平均销售价格为457.6元/件（套），环比下降17.0%，同比增长5.7%。

从上海服装行业协会网络信息服装销售数据情况看，上海服装消费整体呈现继续下滑的趋势，同时明显出现换季消费迹象，服装品牌销售价格逐步下滑，趋于夏装合理消费空间之内，服装消费实物量逐渐增加，而服装消费总额相对呈现回落趋势。

（二）销售分析

1. 服装销售走势分析

市场调查发现，2016年5月，上海各服装品类销售额中，所有品类均出现不同程度的下滑，如图3-1所示。其中，牛仔服环比降幅达47.2%，男式休闲装环比下降33.6%，羊毛（绒）衫和男式正装环比降幅均超过20%。这样的品类销售下滑现象对下季度的生产企划具有借鉴意义。

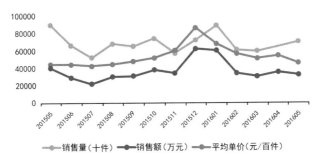

图3-1　2015年5月～2016年5月上海服装销售走势分析

2016年5月上海服装行业的累计销售额为19.81亿元，如图3-2所示。

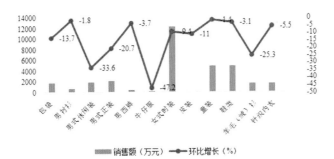

图3-2　2016年5月上海各服装品类销售情况

2016年1～5月，上海十大商场服装大类商品累计实现销售量349.9万件（套），累计实现销售额19.81亿元，同比下降8.6%；平均销售价格为566.2元/件（套），同比增长2.7%。其中，由于销售量减少，影响销售额减少2.23亿元，由于商品结构变化及平均销售价格变化，两项合计净减少1.85亿元。

2. 品牌业绩分析

（1）女式成衣。2016年1～5月，上海女式成衣品牌累计销售量为93.1万件（套），同比下

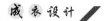

降17.6％；累计实现销售额7.33亿元，同比下降11.4％；平均销售价格为787.7元/件（套），同比增长7.6％。2016年5月，销售额前三强中，影儿品牌本年度首次夺得第一名；恩裳品牌首次跻身前三强，排名第二；雅莹品牌获得第三名，销售额环比下降29.7％，如表3-1所示。

表3-1 2016年5月上海女式成衣品牌销售额分析

排名	品牌	销售额/万元	平均单价/（元/件）
1	影儿	381.0	336
2	恩裳（INSUN）	242.4	318
3	雅莹	236.9	3995
4	维莎曼（VERO MODA）	228.2	459
5	诗篇	196.9	373
6	柯莱蒂尔	171.5	1557
7	ONLY	169.0	410
8	娜尔思	152.3	2002
9	维尼熊（Teenie Weenie）	121.4	387
10	SCOFIELD	120.4	1632

（2）男式休闲装。2016年1～5月，上海男式休闲装累计销售量为19.1万件（套），同比下降19.7％；累计实现销售额1.36亿元，同比下降14.6％；平均销售价格为710.8元/件（套），同比增长6.3％。2016年5月，销售额前三强中，汤米·希尔费格品牌蝉联冠军，销售额环比下降38.5％；鳄鱼品牌和杰克琼斯品牌分别蝉联第二名和第三名，环比分别下降18.7％和47.1％，如表3-2所示。

表3-2 2016年5月上海男式休闲装销售额分析

排名	品牌	销售额/万元	平均单价/（元/件）
1	汤米·希尔费格（Tommy Hilfiger）	154.6	1516
2	鳄鱼（LACOSTE）	104.1	796
3	杰克琼斯（JACK&JONES）	65.2	408
4	比华利保罗	62.3	770
5	哈吉斯（HAZZYS）	53.4	819
6	海澜之家	49.1	183
7	C31 ROTC	43.7	2092
8	ABLEJEANS	40.0	1200
9	金鲨	37.5	1865
10	保罗与鲨鱼（PAUL&SHARK）	36.1	2038

（3）男式正装。2016年1～5月，上海男式正装累计销售量为10.5万件（套），同比下降3.8％；累计实现销售额1.54亿元，同比下降5.1％；平均销售价格为1465.1元/件（套），同比下

降1.3%。2016年5月，销售额前三强中，威斯康尼品牌重返首位，销售额环比下降2.3%；上月冠军蓝豹品牌本月获得第二名，环比下降26.9%；卡利斯特品牌环比下降9.2%，排名第三，如表3-3所示。

表3-3　2016年5月上海男式正装销售额分析

排名	品牌	销售额/万元	平均单价/（元/件）
1	威斯康尼	154.1	1353
2	蓝豹	152.2	3382
3	卡利斯特（Callisto）	131.5	2711
4	雨果博斯（HUGO BOSS）	117.5	1833
5	沙驰	115.2	2769
6	ARMANI.CO	104.6	5941
7	杰尼亚（Zegna）	101.2	4181
8	DAKS	71.0	4249
9	威可多	58.5	1268
10	登喜路	58.3	2342

（4）男式衬衫。2016年1~5月，上海男式衬衫累计销售量为5.9万件，同比下降17.1%；累计实现销售额2420万元，同比下降11.5%；平均销售价格为411.7元/件，同比增长6.8%。2016年5月，销售额前三强中，海螺品牌实现五连冠，销售额环比下降34.3%；雅戈尔品牌环比增长15.4%，蝉联第二名；CHOYA品牌继续排名第三位，销售额环比下降2.2%，如表3-4所示。

表3-4　男式衬衫销售额分析

排名	品牌	销售额/万元	平均单价/（元/件）
1	海螺	38.8	366
2	雅戈尔	29.3	572
3	蝶矢（CHOYA）	22.6	721
4	威斯康尼	20.5	1012
5	杰克琼斯	16.0	301
6	海澜之家	14.6	261
7	威可多	10.2	809
8	沙驰	10.1	1513
9	浪肯	9.3	1900
10	雨果博斯（HUGO BOSS）	9.2	1957

（5）男式西裤。2016年1~5月，上海男式西裤累计销售量为4.2万件，同比增长2.5%；累计实现销售额2268万元，同比增长14.5%；平均销售价格为535.7元/件，同比增长11.8%。2016年5月，销售额前三强中，浪肯品牌继续蝉联第一名，销售额环比下降31.4%；迈雅品牌蝉联第二名，销售额环比下降19.5%；川弘品牌上升至第三名，如表3-5所示。

表3-5 2016年5月上海男式西裤销售额分析

排名	品牌	销售额/万元	平均单价/（元/件）
1	浪肯	56.4	2177
2	迈雅	48.8	2120
3	川弘	27.4	229
4	威可多	19.5	1069
5	九牧王	18.4	798
6	培罗蒙	17.7	935
7	虎牌	17.0	379
8	沙驰	14.9	2099
9	威斯康尼	14.8	1353
10	地牌	13.0	410

（6）童装。2016年1～5月，上海童装累计销售量为106.0万件（套），同比下降6.3%；累计实现销售额2.81亿元，同比下降1.2%；平均销售价格为264.9元/件（套），同比增长5.5%。2016年5月，销售额前三强中，耐克品牌继续蝉联第一名，销售额环比下降22.6%；阿迪达斯品牌蝉联第二名，销售额环比下降11.2%；衣恋品牌环比增长7.8%，上升至排行榜第三名，如表3-6所示。

表3-6 2016年5月上海童装销售额分析

排名	品牌	销售额/万元	平均单价/（元/件）
1	耐克	311.9	398
2	阿迪达斯（adidas）	273.1	289
3	衣恋（E·LAND）	221.6	308
4	新百伦（New Balance）	216.9	335
5	PAW IN PAW	170.1	289
6	丽婴房	148.2	113
7	太平鸟	141.3	199
8	维尼熊	138.3	284
9	匡威	106.6	200
10	gxg kids	99.8	195

二、服装心理分析

在成衣设计环节，设计师要使成衣市场化，了解消费者着装心理是必须的。成衣设计与研究消费者心理是分不开的。而服装与心理的关系研究是一门复杂而深奥的学科问题。服装心理学是研究人类服装行为心理的发生和发展规律的学科，它是跨越多个学科或研究领域的，包括人类学、消费行为学、文化史、心理学、社会学等。它的基本点是用心理学的原理及心理活动规律来解释人们的服装行为。

笼统地讲，服装心理包括：服装的消费心理、服装价格心理、服装从众心理、服装的实用心理、服装装扮心理、服装的虚荣心理、服装的掩饰心理、服装的夸张心理、服装的表现心理、服装的消沉心理、服装的礼仪心理、服装的保健心理、服装的示强示弱心理、服装的个性表现心理、服装的集团观念心理等，但是归纳起来可以将服装的心理分为服装的趋同心理和服装的趋异心理。服装的趋同心理包括追逐流行的心理、多种现实因素对人们心理趋同的印象；服装的趋异心理包括儿童着装的心理形成、成人的服装心理分类。

对这些心理知识有所了解，对成衣设计师具体针对某个消费者群体进行设计具有重要的指导作用。

（一）服装的趋同性

服装的趋同性分为两种，第一种是追逐流行的心理，第二种是多种现实因素对人们心理趋同的影响。

喜新厌旧是人类的一种共有心理，对陈旧的东西厌倦和审美"疲劳"，向往新鲜的事物，这种心理在日常的生活中是普遍存在的，在衣着的穿戴方面特别突出。这正是人类审美变化、审美观的进步和心理上不甘人后所致。"流行之神"克里斯汀·迪奥说："流行是按一种愿望开展的，当你厌倦时就会改变它。"皮尔·卡丹对于时装的流行说得更透彻，他说："时装就是推陈出新，这是自然界永恒的法则。树木每年脱去枯叶，人也要脱去使其感到厌倦的旧装。当一些款式的衣物成为司空见惯的东西时，人们就会产生审美疲劳的心理，甚至开始厌倦旧装。流行装使人免受单调乏味之苦，人们愿意相互给予美好的形象印象，所以穿着漂亮、精神面貌良好，这正是人们的一种心理需求。"

追逐服装流行的心理古已有之。葛洪在《抱朴子·饥惑篇》中就曾描写过东晋时期服装流行变迁的情况："丧乱以来，事物屡变，冠履衣服，袖袂裁制，日月改易，无复一定。乍长乍短，一广一狭，忽高忽裤，或粗或细，所饰无常，以同为快。其好事者，朝夕仿效。"《晋书·五行志》中也有类似的描述："孙休后衣服之制，上长下短，积领五六而裳居一二；武帝泰始初，衣服上俭下丰，着衣皆压腰；元帝太兴中，是时为衣者又上短，带才至于腋。"由此看来，服装的流行现象自古就有，有流行现象必先有流行心理。

模仿是一种普遍的社会现象，这也是人类所具有的一个基本的特征。当一种新的服装款式出现并被人们接受时，它便会形成一种流行，说到底这种流行就是人的模仿心理所产生的一种服装效应。在生活中的每个人往往都想与其他人一样成为一个整体的进步者、强者，那么，这种思想意识就会在服装上有所反映或体现。从思想到形象，有什么样的观念就会产生什么样的行为，这是符合一般规律的。但是，我们也要知道，人们还有一种逆反心理和个人"英雄主义"、自我个性表现等心理，所以有不少的人会刻意地追求与众不同的服装，以此来表明自己不落俗套，其实也正是由于这样才会不断地出现穿着各种不同服装风格的"试穿先行者"和各种潮流的领潮人，之后还会出现大量的追潮者，因此才会有生生不息、层出不穷的服装流行。一般情况下，服装的流行总是先从社会上层的那一部分人中开始的，所以有人说：服装流行是不显眼的人模仿引人注目者的行为。从历史上看，服装流行的发源地一般是在贵族阶层中和皇宫帝王的周围。王安石在《风俗》中写道："京师者，风俗之枢纽也。所谓京师是百奇之渊，众伪之府，异装奇服，朝新于宫廷，暮仿于市井，不几月而满天下。"

另一种则是多种现实因素对人们心理趋同的影响，这是有效地由地位或权位很高的人物推出的新的服装风格，最终会成为大众模仿的目标或参考。服装中的顺从应该说是很常见的，而且在人们的相互交往中大大强化了模仿他人的心理，许多人都有依赖他人的审美判断，特别是在对服装的规范理解不全面的时候。

服装的流行与变化不仅在于人们心理的驱使，还离不开社会的发展，特别与现代生活中经济和科技的飞速发展有关。古希腊、古罗马时期的妇女服装，大约600年间在服装的形式上都没有太大的变化。詹姆斯·拉弗曾经这样说道："在14世纪时期，地主的穿着与11世纪地主的穿着大致上是一样的，14世纪的放牛娃所穿的服装与扮扮也许与他的七代曾祖父的服装打扮差不多"。但是，随着历史的发展，这种服装相对长时间不变的现象基本上不再有了。近十年的服装变化就能说明这一点。19世纪初，黑格尔曾对服装"受时髦式样的摆布，变得很快"深有感触地说："时髦样式的存在理由就在于它对有时间性的东西有权力把它不断地革旧翻新。一件按照现成样式裁剪的上衣很快就变成不时髦的了，要讨人喜欢，就得使它赶上时髦。一旦过时了，人们对它就不再习惯，几年前还让人喜欢的东西，一霎间就变成滑稽可笑的了。"

（二）服装的趋异性

服装的基本心理因素在每个人身上都或多或少地有所表现，当然这些因素在每个人的心目中并不同样重要，我们对每个人之间的心理差异和心理共同点的研究是具有同样重要意义的。

1. 儿童着装的心理形成

从小孩穿衣服表象来研究，我们或许会得到某种服装表象的启发。刚出生的婴儿对大人们的服装是没有感觉的，到了有意识的孩童时期（一般指1~4岁），他们还不太懂得装饰和遮羞是怎么回事，这可以从幼儿园的男孩女孩共用卫生间得到一些证明。但是随着时间的推移，儿童的心理逐渐出现了某些爱好，这些爱好可能并不在衣服上，但是它能够转移到衣服上，当这些爱好转移到服装上以后，便产生了服装的心理意识，所以说：小孩的快乐源于裸体而不是服装，服装心理的需求只是后来的。对这些快乐的进一步分析表明，快乐有两个来源，用精神分析学的话说，一是自恋，二是自我性爱。这两个来源在对服装兴趣的发展上作用是极不相同的。

自恋是向他人炫耀自己身体的魅力，许多儿童喜欢裸体跳舞和跳跃。在生活中，我们稍微留意便可发现，儿童总怕自己不被人关注，所以儿童多有"人来疯"现象，这也是儿童要引起人们注意的一种心理的外在行为表达。但随着年龄的增长，不久就会出现一种与服装或装饰相联系的新的表现欲望，如图3-3所示，儿童借用对粉色的喜爱来装扮自己，表现自己的个性魅力。

图3-3　儿童的粉色着装喜好

用精神分析学的话来说，自我性爱的组成要素有两大类：皮肤性爱和肌肉性爱。皮肤性爱主要是指由皮肤的自然刺激引起的快感，比如风的抚慰、阳光的照射、空气的舒适度等在皮肤上引起的快感。经过日光浴、蒸气浴、桑拿浴的人都有切身的体会，这一类的刺激所带来的快感是很特别的。一般人们都赞成皮肤刺激带来的快感，除了很轻很薄的衣服外，穿衣服会影响皮肤刺激带来的快感，这是由于服装阻止了基本刺激物影响皮肤的感受面。当然，衣服也能给皮肤带来其他的好处，比如御寒、保暖。另外皮肤直接接触丝、绒、皮等材料也会产生不同的快感，这种快感因人而异。

肌肉快感就是自由地展示肌肉所能带来的快感，这种快感部分来源于肌肉收缩引起的深度感觉，部分来源于皮肤的伸展和放松引起的感觉。以上这两种感觉只有当身体处于裸体时才能体会到。有学者认为：衣服一方面干扰了一些无关刺激，比如由身体运动时服装的不同的压力所引起的感觉；另一方面对肌肉的自由运动形成了障碍，比如人在迈步时会感到裤子给人的一种束缚感等。衣服对肌肉性爱损失的唯一补偿就是有某些紧身服饰所形成的带有某种快感的压力，比如弹力贴体健美裤、女性的紧身胸衣等增强了身体的力量，产生了一种类似于人体肌肉收缩的感觉，但是，这些比起裸体引起的肌肉快感要小得多。美国服装心理学家弗仑格说："从总体上来看，对肌肉性爱和皮肤性爱来说，服饰所引起的快感比随时的快感要少。"

弗仑格认为，婴幼儿从服饰中得不到什么快感，他们穿衣服只是因为大人要他们穿，大人们教育他们人应该穿衣服，不然是不文明和不美丽的。之后，这种大人的说教在现实中逐渐得到了模糊的验证。所以服饰的道德感、遮羞感等就慢慢地在儿童的成长中形成了。这种意识的东西就是从大人那里得到的，也正由于这些推理，很多人否定了服装起源的"遮羞说"。

随着年龄的增长，儿童开始形成自己的服饰观念，进入了守约于世俗的各种道德和文明的观念领域。

2. 成人的服装心理分类

成人对服装的态度有着很大差异，特别是不同文明程度的人更是明显。依据各种人对服装的态度可大致将服装心理分类如下。

（1）叛逆型服装心理。从服装心理学的观点看，服装原始的类型就是叛逆型的。

这种类型的人不愿意服从穿衣戴帽的世俗传统，认为服装限制了他们，即使在非穿不可时，也只穿最薄最少的。他们的原始兴趣即是人的裸态生存，这种兴趣几乎不能转换到服装上来。弗仑格认为原因大致有两个方面：一是这种原始兴趣太强烈，二是个人发展所处的环境不利于从原始兴趣到服装的转移。对于这种人来说，服装的吸引力比裸体的吸引力小得多。这类人在现实生活中总是用这样的生活观念支配他们的生活行为，并表现在不同的环境之中。

叛逆型服装心理有以下一些共同特征。

①皮肤和肌肉性欲强烈，不利于服装兴趣的发展，这是因为皮肤和肌肉性欲不容易升华对服装的兴趣。

②从服装中不能产生较多的快感。其主要原因是不能由展示身体的欲望中得到升华，他们对服装的本质不太关心，总认为人体舒适比服装的外表美更重要。

③羞涩感一般都较弱。他们认为羞涩只是人之外部的一种约定俗成的东西，所以当他们穿着暴露装或其他另类服装时，他们不会有什么羞涩之感，相反，他们认为自己的装束才是值得效仿的，才是较正常的衣着现象，所以一般的人认为他们的遮羞观念淡薄。有专家认为：这类人正是支持"裸体文化"运动的主要成员。在德国，一些叛逆型服饰心理的人会把自己的名字叫作"大自然之友""完全裸体协会"等。

崇尚叛逆型服装心理的人们总是宣扬"裸体文化"的好处，他们总能找到各种理由、各种事例来证明自己的主张是科学的、正确的。他们认为穿衣服越少越好，多数文明人的衣服平时多穿得太多，与大自然不协调。他们还宣传和论证有关光线直接照射身体所带来的各种好处，宣称原始民族不穿衣服在身体健康方面的益处，认为现代文明人不享受这些生活的内容是很可惜的。

图3-4是一个美国品牌卡玛·帝宁（Carmar Denim）2018年的布条牛仔裤设计。这样的牛仔裤在美国的商城和品牌官网都有出售。破洞到只剩下框框，也就是业内人士所称的"潮"。这样的设计正是叛逆型服装心理的体现，不是每个人都能驾驭的。

（2）保守型服装心理。这类人在观念上是遮羞心理占据主导地位，遮羞冲动压倒了其他的展示冲动。与叛逆型服装心理的人正好相反，他们认为裸露身体是很不道德的行为，是极其羞耻的，同时他们也反对在着装时过分地暴露身体，不管个体的体形是否优美。

图 3-4 "叛逆型"布条牛仔裤

保守型服装心理的人极力宣扬着装的文明和着装对生活的好处。他们举出许多例子证明他们的正确性，例如不同领型的设计可以修饰人脸型的缺陷，穿着垫肩的上衣可以弥补溜肩的视觉效果等。他们还常以服装卫生的要求来宣扬，但是他们与叛逆型服装心理的人强调的卫生学的要求不同，叛逆型服装心理的人强调人的皮肤要有足够的自然刺激，而保守型服装心理的人则强调人的皮肤很柔软，是需要服装来覆盖的，用衣物来覆盖人体，其益处是十分明显的。

（3）实用型服装心理。实用型服装心理主要指衣着行为是以实用为动机，实用的冲动占主导地位，压倒其他类型的冲动。成衣设计师常常在设计时会考虑其消费者实用功能性的诉求。

（4）炫耀与展示型服装心理。炫耀与展示是人的一种心理特点，这种心理的炫耀程度因人而异。当一个人的着装炫耀与展示心理冲动压倒其他因素时，他就属于炫耀与展示型服装心理的人。炫耀与展示服装心理包括两个方面的内容：第一，社会因素的炫耀与展示，如社会分工的不同、身份的不同、层次的不同、地域国度的不同等；第二，精神因素的炫耀与展示，这方面因素占了很大的比重，如漂亮身材的展示与炫耀、美腿的炫耀与展示、人体性感部位的装饰与暴露等。图3-5体现的就是成衣设计师运用消费者炫耀与展示型服装心理而设计出的露腿与露肩成衣，是微性感的一种设计。

图 3-5 露腿与露肩的成衣设计

第二节　成衣设计市场调研

成衣设计的市场调研是设计师设计工作开始前的重要准备工作。该调研活动是一种具有启发性的调查、研究和信息的记录，为企业随后展开的设计工作带来影响并指出了明确的方向。可以说，没有调研，也就没有设计，起码不会设计出适合市场的优秀作品。

一、调研内容

对于市场调研，菲利普·科特勒（P.Kolter）论述如下：市场调研是为服务于商品企划而进行的一种有体系的活动，是在制订营销活动计划及其具体实施方案之前，为了解经营环境的变化，创造新的市场机会而进行的各种调研活动。

一般来说，成衣设计的市场调研主要包含以下两方面内容。

（一）宏观角度的调研内容

1. 宏观环境

对于成衣品牌的发展，不得不考虑品牌的目标市场所处的大环境，包括政治环境、经济环境、社会文化环境、人口环境、技术环境甚至是自然环境。政治环境涉及国家相应的政策、法规和群众团体的影响力。经济环境主要涉及成衣消费者的收入状况等情况。社会文化环境主要指当地的风俗习惯、宗教信仰、价值观以及教育程度等。社会文化环境深刻地影响着消费者的购物习惯和审美倾向。人口环境主要指当地的人口结构、地理流向和数量、人口增速等。人口的流动变化会使成衣消费的品类和风格都发生变化，是一个不可忽视的变量。技术环境也是制约成衣设计的一个重要指标，设计工作不能够无视技术的制约而随意发挥。

2. 市场需求

成衣设计师尤其要重视对市场信息的收集和分析。随着服装市场的不断变化，流行周期逐渐变短，"快时尚"成为市场主流。在快速时尚消费趋势的影响下，对消费者的需求行为的研究以及市场变化规律的分析，已明确成为设计师、企划人员在进行新品开发时首要考虑的问题。

市场信息的收集首先应是对目标消费者的需求、消费动向、生活方式的收集。消费者受到社会经济、政治影响，各种社会思潮的变化都会改变其生活方式，左右消费者的需求，成衣设计师要用动态的眼光了解消费者的需求变化。

3. 产品销售

针对产品销售的调研是市场调研的一个重要内容，包括价格、产品、地点、促销手段、广告宣传包装、售后服务等方面的信息调研。成衣品牌的设计师有时需要以"站店"的方式实施调研，选择客流高峰时段到店观察目标消费群的选择倾向，询问对有关产品的价格、质量、款式外观等方面的建议，做好信息的记录、整理与反馈。

4. 竞争对手

服装市场上的竞争很激烈，所有的零售商都在抢夺消费者，有时甚至是争取相同的消费者。识别和分析市场竞争对于有效的市场调研是很有价值的。

在激烈的市场竞争中，品牌需要实现差异化经营，企业可以通过对商品结构的调整实现这种差异化。除了对自己品牌的市场进行预测分析之外，竞争品牌的分析也是企业研究市场的重点。做到时刻关注了解对手的发展状况和差异化营销，只有这样才能成为产业内同行中的领头羊，成为被对手直接拷贝模仿的对象。

对竞争品牌的具体调研内容应包括竞争品牌的数量、品牌名称、生产能力、产品的特点、市场分布、销售策略（销售渠道、促销手段）、市场占有率、购物环境以及消费者心理。这些因素的相互作用产生了市场竞争，有些因素是固定的，而有些是可变的，分析竞争对手的优势和劣势有助于差异化经营。

（二）微观角度的调研内容

对设计师自身而言，他们通常通过拍照、上网、实地走访等方式进行以下两个方面的信息调研。

1. 资讯调研

资讯调研是服装设计中主要的组成部分，一个设计系列的概念、主题或者故事往往都是受到一些图像的启发。对当下服装行业乃至整个时尚产业内流行趋势的资讯调研是重中之重，其中包括面料、款式、色彩等具体方面的流行预测，对未来的设计开发有着重要的指导作用。这类资讯情报主要来源于时装发布会、流行色发布会、新材料展示会、时尚杂志等，包括国内、国外两方面。其中，国内信息是指国内生产商、企划公司发布的专业预测情报以及行业协会所发布的预测资料等，此外还包括全国各大城市服饰文化节上发布的较为稳定的预测信息。国外信息可以从国外一些专门的信息机构以及国外时装中心城市的展示会和时装发布会中获取。

设计师对流行资讯的关注不同于普通的消费者，设计师要考虑流行信息与品牌自身的融合性，以及流行趋势在未来市场的效果。对设计师而言这是一个选择、分析、判断的过程。

2. 面料调研

有的企业设计师以面料作为设计开发的起点，而有的设计师则是在稍后的阶段才开始找面料，但不管是哪一种，对于面料样品的收集和储存都是必不可少的，如图3-6所示。国内外的面料市场与面料展会都是时尚活动的一个重要组成部分，吸引着世界各地的设计师和买家。国际上最负盛名的展览有中国香港国际时装材料展、意大利米兰女装面料展、法国巴黎第一视觉面料展。国内设计师常常奔赴的面料市场与展会有绍兴的柯桥、广州的中大与虎门、杭州的四季青、中国国际服装服饰博览会、中国国际纺织面料及辅料博览会等。

图3-6 面料调研

第一视觉面料展——Première Vision面料展，简称PV展，始于1973年，一年两届，分为春夏及秋冬两届，2月为春夏面料展，9月为秋冬面料展，并发布下一年度的面料流行趋势。每年有4万多来自100多个国家和地区的专业人士与欧洲最优秀的纺织商相聚于此。同时，PV展已被公认为国际最新面料潮流风向标，引领着世界面料的流行趋势。PV展根据产品种类分为不同区域，分别为毛型及其他纤维制面料、亚麻面料、丝绸类面料、牛仔灯芯绒面料、运动装/休闲装面料、色织/衬衫面料、蕾丝/刺绣/缎带、印花面料、针织面料。

二、调研时间分配

服装设计师常常在两个交替季节（春夏、秋冬）的循环周期内做设计开发。当然有的设计师随着企业供货战略的调整需在六季（春、初夏、盛夏、秋、初冬、隆冬）进行设计提案与开发。比如苏格兰飞人品牌服装的设计提案与货品企划就由以往的每年春夏、秋冬两季供货模式提升为每年六季供货。无论是哪种循环周期内的设计开发其活动都包括国际面料展订购面料、设计、制作纸样、打样和制作整个系列的服装、开展订货会、货品上柜销售。因此除开这些活动，每一季留给调研的时间其实并不充裕，而且不能拖延。在学校里做调研的时间架构不同于企业，通常情况下，企业的设计调研耗时更短，因而要合理有效地分配调研时间。

三、调研方法

从前面市场调研的内容来看，可把其概括为第一手资料的调研和第二手资料的调研。

第一手资料是指资料不是现成的，需要靠你用很多方法来调查获得，比如竞争对手、产品销售、面料调研等。第一手资料调研通常要用以下方法收集原始数据。

1. 访谈法

访谈法是通过询问的方式向被调查者了解信息的一种方法。

2. 问卷法

问卷法是通过向被调查者发放问卷来收集处理信息的一种方法。

3. 观察法

观察法是通过观察被调查者的活动情况（如购买行为），取得调查结果的方法。

第二手资料是指研究已经存在的资料，而不是自己调查的材料，比如宏观环境、市场需求、资讯调研等，其来源通常有：

①书籍、杂志期刊，如图3-7所示；

②行业刊物，如图3-8所示；

③网络。

图 3-7　杂志期刊

四、调研总结

无论是对自身品牌成衣的市场销售情况调研、成衣面料的市场调研，还是对竞争品牌的市场调研，其最后都需要进行总结、汇报，做出一份调研报告。调研报告的基本内容如下。

（1）调研任务。明确指出本次市场调研的项目背景和主要任务。

图 3-8　行业期刊

（2）设计好调研方法。说明市场调研采用的主要方法及其特点，包括参加人员、采用软件等。

（3）调研途径。调研数据的来源和通过的渠道，包括对调研范围和采访对象的综述等。

（4）工作过程。实际开展调研工作过程的必要描述，包括一些对本次任务细节的理解。

（5）遇到的问题。罗列在调研过程中遇到和发现的、可能会影响调研结果的、尤其是意料之外的问题。

（6）分析与归纳。对每一个罗列出来的问题进行分析判断，发现问题的根源。包括对大量原始数据进行归纳整理，计算平均值。

第三节 成衣设计借鉴

任何灵感不可能是无源之水、无木之本，它是生活中的万事万物在人的思维中长期积累的产物。在进行成衣设计的时候，设计师可以从相关的服装杂志、艺术作品、民族文化、自然风景等中吸取灵感，并可以对此进行批判性思考，找到可能有所突破或深入的设计点，创作出属于自己的东西。尝试把从素材中找到的元素用自己的方式来表达，又或者可以对前阶段搜集的素材进行解构、重组形成自己独有的风格。

一、网络、博客与社交媒体网站

互联网的诞生给予了我们了解世界的窗口。现实生活中，我们无法接触到的东西，互联网给我们提供了一种途径，为我们节省了很多时间。互联网可能是最容易开始进行灵感收集的地方，它可以让我们在全世界范围采集信息、图片以及文字。运用搜索引擎寻找网页是寻找灵感的最快捷方式，它可以专门指向你已经开始关注的主题。

网络中有些知名的、与时尚相关的网站，比如VOGUE时尚网（www.vogue.com.cn）、中国服装网（www.efu.com.cn）、看潮网（http://women.kanchao.com）（图3-9）、www.fashionoffice.org、www.costumes.org等，这些网站上提供了各种有关时尚圈的最新成衣秀图片、最新潮流动态资讯、各种风味的生活方式与话题故事等，这些都可以成为设计师的灵感源。有的服装企业、设计公司甚至是服装院校，很多都与POP时尚资讯网合作（图3-10），购买资讯，为各设计师提供灵感素材，把握流行脉搏，确定设计主题。

博客是由网络日志发展而来的。时尚博客在网络上提供有关当前时装和生活方式的信息。时尚博主们在网站上写日记，并与一些兴趣群体分享一些心得。这些由个人或公司创立的博客发展到现今已拥有了一定数量的粉丝群与影响力。

图 3-9 看潮网站首页

图 3-10 POP 时尚资讯网首页

社交网络是设计师寻找灵感、激发灵感的重要信息场所之一。Twitter（推特）、Instagram（照片墙）和Flickr（雅虎旗下的图片分享网站）都是国外知名的社交网络。而国内比较知名的有新浪微博、小红书等。

二、图书馆、杂志与微信公众号

图书馆提供的是一种综合性的视觉和信息资源。在几乎任何一个国家和城市中你都可以找到图书馆，而且它可以提供一些综合而广泛的书籍供你选择。当然，每个城市的图书馆也会根据自己城市的人文历史底蕴选购一些特定的书籍，而这类的书籍常常能够激发你的灵感，让你的作品有深度、有灵魂。来自书籍的视觉和文字的启发是潜力无限的，比如我们在图书馆看到的超现实主义画家达利的原稿作品，其相比在计算机屏幕上看到的，肯定更能激发你的灵感。

对服装设计师而言，适当掌握服装的历史背景知识是十分必要的。如果你知道过去曾经出现过哪些样式，就可以由此引申开来并将它应用于未来的设计中。从某个时期的样式或者文化方式中提取灵感可以使自己的作品进行全新的演绎。要想对各国的服装史了解透彻，图书馆是一个很好的去处。

对设计师来说，杂志是信息资料和潜在灵感的很好来源。随着新媒体的发展，设计师为获取灵感，可通过手机、电脑等媒介便捷地获取服装杂志的电子版。它首先提供给我们最新的时尚动态，包括其他设计师的系列设计。其次，我们也可以透过这些信息了解到当代人的生活方式、文化趣味以及它们所瞄准、关注的目标市场。这些信息都能给成衣设计师带来很好的借鉴价值。面对众多纷杂的讯息，设计师要学会甄选、提取、利用。国外比较主流的杂志有英国版、美国版和意大利版的《VOGUE》《ELLE》《marie claire》《International Textiles》（国际纺织品流行趋势）、《视线》（View）、《Musetouch》等，如图3-11所示。其中《marie claire》杂志是公认的理解和诠释时尚领域的先驱，由让·普鲁沃斯特（Jean Prouvost）在1937年于法国创刊。它将时尚和美容、家居装饰以及高质量的报道结合在一起。全球坐拥33个版本，是世界著名高档女性期刊之一。杂志一向以细腻的女性视角、独特的社会报道来展现多元化的潮流生活。

图3-11　部分服装杂志封面

随着信息技术的发展与革新，传播工具的更新速度加快。微信作为一种新型的自媒体工具，因其便携性、私人化等特点成为大众普遍使用的沟通联络方式及信息获取渠道。这种新的信息共享方式使得企业或个人纷纷自营各种主题的微信公众号，其中就包括大量的与时尚主题相关的公众号，用于传播各种比赛信息、设计师趣事、艺术家活动等。比如服号，既是一个设计创作灵感的发祥地，也是一个创造无限可能的设计艺术平台；又如FashionView，是一个集流行时尚、摄影作品、时装评论的公众号；再比如穿针引线服装设计，在这里，设计师可以相互学习、分享、交流服装设计，并得到启发，进而设计更出彩、个性的作品。

三、博物馆与艺术画廊

博物馆是一个不追求营利、为社会发展服务的、公开性永久机构。它把收集、保存、研究有关人类及其环境见证物当作自己的基本职责，以便向公众展示，为他们提供受教育和欣赏的机会。

在设计师眼中，博物馆是获取一手资料的绝佳来源，是丰富信息性研究的宝库，因为其中收藏着庞大的、形形色色的物品、艺术品以及历史珍品。除了一些极负盛名的综合类的博物馆，如伦敦大英博物馆、纽约大都会博物馆、艾尔米塔什博物馆（冬宫）、巴黎卢浮宫、上海博物馆等，还有些专门致力于专门"趣味"的博物馆，比如刺绣、砖雕、军事、科学、自然历史、时尚艺术或美术博物馆等。

比如巴黎的时尚博物馆加列拉宫，这是全世界服装、饰品馆藏最丰富的博物馆之一，不仅反映了法国自18世纪至今的时尚潮流及着装习俗，更见证了时尚界各个时代的天才时尚创造者。如在2017年巴黎男装时装周期间，此馆举办的Anatomie d'une Collection展览，如图3-12、图3-13所示，大致翻译为"服装系列的剖析"。它展示了从18世纪至今的近百件珍贵馆藏服装和配饰，从达官显贵的宫廷着装到平民百姓的工装制服，展品十分丰富，历史与文化的气息深深根植于中，有绝代艳后玛丽·安托瓦内特的束胸衣、拿破仑的西装背心、约瑟芬皇后的长裙、温莎公爵夫人的洋装、超现实主义画家达利的鞋型帽子、女装设计师艾尔萨·夏帕瑞丽（Elsa Schiaparelli）的长版大衣、荧幕女神奥黛丽·赫本的裙装和气质女王蒂尔达·斯文顿的睡衣套装等。

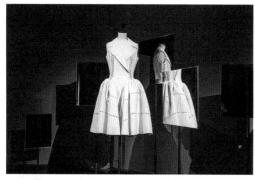

图3-12 "Anatomie d'une Collection"展览

图3-13 鞋型帽子

再比如伦敦维多利亚与阿尔伯特博物馆（V&A），这是全世界以"应用以及装饰艺术"为主题的博物馆中规模最大的一座，它总是能够以敏锐的市场嗅觉，准确找出观众感兴趣的题材进行策展。

不同国家、不同时期、不同主题的博物馆能够为设计师的艺术创造提供更多种的可能性，其灵感的素材是无穷无尽的，其可挖掘的潜力也是无穷无尽的。

艺术画廊也是灵感获取必不可少的途径。绘画中的线条与色块，雕塑中的主体与空间，摄影中的光线与色调，音乐中的旋律与和声，舞蹈中的节奏与动感，戏剧中的夸张与简约等，都能成为设计的灵感。可以说，艺术家已经直接影响到了许多时装设计师的系列设计，如我们所熟知的，1930年艾尔萨·夏帕瑞丽与超现实主义艺术家达利合作的多件作品；1960年依夫·圣·洛朗（Yves Saint Laurent）的蒙德里安裙，如图3-14所示。

图3-14 以绘画为灵感的裙装设计

四、自然风景

大自然是人们赖以生存的环境，它就像是一个无穷无尽的宝库，象征生命力的植物、充满活力的动物、气势磅礴的山河湖海，都为设计师提供了灵感来源，无论何时，大自然都是设计永恒不灭的主题。可以说，自然界的任何事物都能激发人的思维，使人从中捕捉到灵感，并将其运用于造型、结构、色彩、图案和肌理中。

当一件衣服映入人的眼帘时最先展现的大多为色彩，但当服装的色彩不是表现的主题时，它的造型就显得尤为重要了，它是对服装设计风格的最宏观的展现。设计师在向大自然汲取廓形灵感时，或模仿它们的造型，顺应人身体的结构做成服装的外部廓形，展现独特大气的独创设计；或将其变形，运用于服装造型的局部装饰上，并且成为整个设计作品的点睛之笔。运用大自然给我们带来的完美廓形，仿生的设计方式成为表现动植物廓形灵感的最佳手法。流行于20世纪70～80年代的喇叭裤、蝙蝠衫，以及将袖口设为斜口的马蹄袖等服装造型，灵感都源于丰饶的大自然。每一个来自于大自然的形状，都是设计师在创作过程中灵感的触发点，他们都是服装造型仿生设计的灵感之源。现代的成衣设计师常常在这些服装廓形（如喇叭裤、蝙蝠衫等）的基础上结合新的流行元素，设计出更为符合当代审美潮流的单品。

当然，在成衣市场中，常见的多是以动植物风景为灵感的面料图案设计，如图3-15~图3-17所示。

五、民族文化与街头文化

优秀的民族文化与街头文化在成衣设计师眼中都是取之不尽、用之不竭的资源。

我国的民族文化若定义为艺术的宝库实不为过，在绘画、音乐、书法、戏曲、舞蹈、建筑、园林、雕塑、服饰等方面都有多达数千年的积累，都是东方文化意蕴的具体体现，是国外文化、艺术所不能取代的。民族文化可以给我们的设计提供更多的形式、更丰富的素材。在近几年的成衣设计领域中，新中式的服装风格受到越来越多人的青睐，中山装的袋式，旗袍的领型、开衩与盘扣等都得到了设计师的关注与运用。除了新中式风格的流行，复古时尚的风潮也从未从成衣的舞台上逝去。对于复古时尚的表现，成衣设计师通常在设计时表现为两种方式，即对复古元素的直接运用和二次创造。前者是简单粗暴的直接获取，在成衣款式或图案上呈现出来的是直观的复古风格，后者是设计师对现有的复古元素进行二次创造的成果，这种方式更易于抓住复古元素的精髓，更能在精神层面传达出设计师的情感。

图 3-15 植物图案裙装设计

图 3-16 动物图案卫衣设计

图 3-17 山水风景图案 T 恤设计

同时，随着人类文明的发展，优秀的艺术创作在时间的长河中被逐渐沉淀下来，这些文化融合劳动人民的智慧结晶，成为某个具有象征意义的图腾或者民俗艺术，在历史传承中熠熠生辉，一直是当代人进行艺术创作的灵感源泉。民俗元素与现代时尚流行元素不同的是，它是劳动人民最纯朴的产物，民族与时尚的碰撞，定能撞出别样耀眼的火花，如图3-18所示，设计师对民俗中的虎形象进行再设计，使得此款卫衣的设计传统与时尚兼具。

在当代，街头文化反叛阶级、种族、性别、主流文化的意识已经弱化了，发展到现在的街头文化不再是渲染色情、暴力、消极的人生态度和享乐主义，而成为集艺术、音乐、运动为一体的态度。对于年轻人来说，带一点叛逆和追求个性的街头文化正好能代表他们对社会和现实的态度，而由此延伸，街头文化形成了青年文化的新风格。对于新时代的潮人、型人来说，街头文化已经成为型酷和时尚的象征，也成为了他们生活中的一部分，街头服饰、嘻哈俗语、涂鸦艺术、街舞说唱等成为街头文化的重要传播媒介。设计师在进行街头风格成衣设计时常常会从中汲取灵感，进行创作，如图3-19所示。

图3-18 民俗图案卫衣设计

图3-19 街头风格成衣设计

六、影视作品

影视作品有着普遍和深远的吸引力，电影、电视剧、戏剧以及音乐常常又和服装分不开。这些作品中一些明星艺人的装扮越来越多地影响着时尚界，而其中的人物造型常常又赋予设计师新的灵感。比如2009年的电影《阿凡达》启发了设计师让·保罗·高缇耶（Jean Paul Gaultier）的2010春夏高级时装系列。

七、旅行

设计师的灵感来源往往源自于生活，而旅行是人们生活中一种休闲方式，因此旅行也是设计师获取灵感的途径之一。旅行中的建筑、风景、人文趣事、美食等等，都能够成为设计师手中可利用的素材。比如苏州大学艺术学院2014届毕业生以苏州美食、园林古城、粉墙黛瓦为灵感的作品（如图3-20），处处散发着苏州的文人气息与生活方式。

很多大型设计公司，为了举行发布会，常常会把自己的设计团队送到国外采风、收集任何他们认为可作为灵感的事物，比如古董、面料小样、赝品、服装、珠宝和首饰等。摄影和绘画是记录国内外旅行体验的重要手段。在异国他乡的旅途中，跳蚤市场、二手店是设计师常常踏足的场所。世界上大多数大型时装之都都会在很多区域设立这样的市场和店铺，例如伦敦的波多贝罗市集、巴黎的蒙马特高地、纽约的格林尼治村。

图 3-20 苏州大学艺术学院 2014 届毕业设计作品

第四节 成衣设计创作方法

一位成功的成衣设计师必须具备一定的设计理论和设计经验，这是一个长期积累的过程。设计师要想在设计过程中做到游刃有余，就有需要了解成衣设计过程中会运用到的一些创作思维以及创作方法，而这些创作思维和创作方法是产生设计爆炸点的必要条件。

一、观察比较法

观察比较法指设计师绘制设计草稿，将其按照系列定位的类别平铺于桌面或者张贴于剪贴板上，设计师通过反复比较草图，考虑比例是否合适，图案的风格与款式是否相符，材料搭配是否合理等。假如不合理，就加以调整。观察比较法可以直观地比较和对比设计中的缺陷，完美设计细节，是成衣设计常用的设计手法。

二、极限法

极限法是指把设计要素推向极端，如让质量感重的材料质量更重，质量感轻的材料质量更轻；让比例大的材料比例更大，让比例小的材料比例更小；让色彩对比统一的加强对比，让色彩对比强的寻求统一等。观察各设计要素应用极限法后的整体效果，对其加以调整，以达到设计要求。极限法比较适合具有个性特性的设计。

三、逆向思维法

逆向思维是一种重要的思维方式，也称求异思维，是对约定俗成的似乎已成定论的事物或观点反过来思考的一种思维方式。敢于"反其道而思之",让思维向对立面的方向发展,从问题的相反面深入地进行探索,树立新思想、创立新形象。许多时装大师非常善于利用逆向思维的方式来创造具有独特风格的时装造型,如三宅一生、让·保罗·高缇耶等。20世纪90年代开始流行的所谓"反结构服装",更是逆向思维的极好佐证。如设计师利用逆向思维的原理,将领口的多余量这种本来被视为弊病的元素加以强化、夸张,从而形成独特的造型创意。比如短袖棉袄、高立领无袖夏装等都说明设计师的逆向思维切实地迎合了人们生活方式的变化。

逆向思维在成衣设计中,不是指采用强烈反传统的外观设计,而是在细节设计中用相反的角度去思考。采用逆向思维法,要求设计师了解经典的传统款式、工艺手法、纸样和面料的结构设计等知识,在传统的基础上进行创新设计。如加长门襟、将裤子的口袋应用在上衣设计中、男装的设计手法应用在女装上、成衣的内观作为外观等。

四、元素重组法

元素重组法指通过改变传统款式的材料搭配,添加和改换面料,改变成衣的长短,改变工艺手法,改变成衣色彩、材料、零部件的位置、方向等设计服装。有时候这种方法也常用于某些经典产品,款式不变而色彩、面料和质感常常在变,有稳中求胜的特点,例如男西装、夹克、西裤等。当然这种元素重组法更多地用于对面料的再设计中。

(一)元素加法

这种设计手法表现在两方面:一是在基础的成衣款式上添加其他工艺、分割线、口袋、扣子等其他设计细节,推陈出新,设计出新款服装;另一种具体体现在服装面料上,对服装面料做增型设计。这是面料再造设计的方法之一,并体现出设计师深厚的设计能力和个性特点。

服装面料再造设计,或称面料的二次处理、面料的二次设计,是在面料原有的基础上,通过设计师的设计手段以及多样的工艺手法形成与原面料不同的独特外观。设计师应熟悉款式设计以外的其他工艺手法。服装面料处理常用的手法有增型设计、减型设计、立体造型、钩编设计、综合运用等。主要是在服装局部设计中采用这些方法,有的也有用于整块面料的。这里具体阐述其面料的增型设计。增型设计指在原有面料上增加相同或者不同材质的材料,形成立体、多层次、特殊美感的面料。它通常采用珠片、花边、绣片、纽扣、羽毛、贴花、原材料等,经过贴合、熨烫、缝制、填充、染色、印花、手绘、拼贴等工艺手段,形成立体、多层次的设计效果。

1. 黏合与拼贴

黏合是指借助工具在面料或是在制作好的衣服上进行黏合衬料、贴花、镶钻等材料的增型设计方式。如图3-21所示,在上衣胸前部位与袖子部位分别通过镶钻与贴花的形式来加工面料,从而改变了原有织物的手感与外观,改善了形状,增加了层次感。

（a）镶钻的服装　　　　　　　（b）贴花的服装　　　　　　　（c）拼接的服装

图 3-21　采用镶钻、贴花、拼接手法的服装

贴花是在成衣上（如童装、毛衫、T恤、休闲衬衫、睡衣、牛仔裤上）采用的贴花工艺。尽管这是一种比较传统的装饰手法，但在成衣上应用得十分广泛。贴花材料可以是针织面料、梭织面料或者是皮革、毛线等。具体贴花过程如下：成衣设计师画出需要贴花的款式图稿，完成样衣衣片的制作后在样衣衣片上用划粉大致画出需要贴图的位置、方向和大小，用半透明的拷贝纸按1∶1的比例画出贴花的图案，标明各贴花的面料和贴花的手法，交样衣室师傅制作贴花图案。因此，成衣设计师必须了解与学习贴花工艺的手法和拷贝图纸图案的绘制方法，这样才能进行贴花图案的设计。

在现代服装设计中，设计师常借用拼接手法进行重组和视觉改造。而这些改造大多表现为结构拼接、图案色彩拼接、面料拼接。结构拼接的优势在于用产生的分割线优化整体效果，这在成衣设计草图绘制中用的比较多，同样的款式，不一样的结构线分割，再加上其他一些方面的变化元素，可诞生系列化的成衣设计。而图案/面料的拼接相比于结构拼接，更是成为一种常态表现形式。不同图案面料的拼接设计相比同款同面料的拼接设计，更加富有个性与创造力。

2.熨烫与染整

熨烫具有塑型功能，是借助熨烫设备在面料或者制造好的服装上进行平整或褶皱定型处理的增型设计方式，比如这两年非常流行的风琴褶[如图3-22（a）所示]和肌理感褶皱[如图3-22（b）所示]，这样的熨烫压褶、压皱工艺使得面料或服装造型千变万化，富有肌理感。

（a）高温压褶　　　　　　　　（b）高温压皱

图 3-22　熨烫工艺

面料的二次染整形式多样，包括扎染、拔染、蜡染、拓印、转印、手绘、盐染等，经常与扎、缝、包、染、喷、绘、拓、雕、刷、压等特殊工艺结合，创造出有别于一般印染审美特征的图案和造型，让人过目不忘，别有风味。这两种设计手法，在成衣设计中也很常见，如图3-23所示。

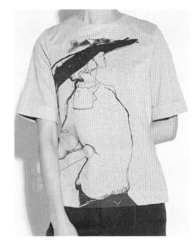

（a）扎染工艺 　　　　　　　（b）丝网印花工艺

图3-23　印染工艺

3.缉缝与填充

缉缝指选用各种线带状材料，采用手缝或者机缝对原有面料进行规则或者非规则线型处理的增型设计方式。包括手绣、机绣，普通缝型、皱缩缝、纳缝，丝绣、绒线绣、丝带绣、贴布绣、珠片绣（图3-24）等，种类丰富，形态万千。

珠绣与丝绣工艺常常被运用在如牛仔服、毛衫、T恤衫、休闲衬衫、晚礼服等成衣中，有时也被运用于披肩、背包、鞋、帽等服饰配件上，比较大牌且运用这两种工艺设计比较出彩的要数古驰、普拉达。目前主要有手工珠绣与机械珠绣两种。手工珠绣样式灵活多变、色彩瑰丽。而机械珠绣相比手工珠绣既摆脱了繁重的手工劳作，减轻了劳动强度，又极大地提高了成品率和生产率，增加了花色品种。目前成衣市场上出现频率较高的还是机械珠绣。

填充是在面料或服装内部填充材料使其具有立体感的增型设计方式。在纳缝时，于两层面料之间填充棉、絮等材料，可以塑造规则的秩序感，或者由不规则线条、内外部材料的颜色和质地差异来强调节奏韵律和多变的层次，如图3-25所示。

图3-24　珠片绣 　　　　　　　图3-25　纳缝与填充

4.层叠与缠裹

层叠是指通过手工或机器，把几层相同或者不同的材质重叠在一起，以达到节奏感、层次感的形态效果。层叠的层次、数量、位置、大小可根据款式造型的需要进行变化和调整，以达到最满意的效果。层叠可以和平面部位产生错落有致的对比感，也可以和其他的造型手法结合运用。层叠是薄纱面料设计中常用的设计手法，这种设计手法不光用于款式整体设计中，也常常用于局部造型设计中。缠裹是指根据不同的需求，在人身上或在人体模架上围缠。缠裹应用的主要部位是人体上的支撑点，如脖子、胸部、腰部、臀部。缠裹可根据需要进行适当裁剪，并与其他造型手法结合运用，可以得到造型、形态丰富的效果。成衣上的腰封、腰带设计某种程度上也是一种缠裹的体现，如图3-26所示。

图 3-26　层叠与缠裹

（二）元素减法

元素减法既是一种思维方式，又是一种设计方法。在成衣设计中，元素减法指的是删除草稿设计的细节，直到能够表现设计意图，又不出现多余的设计。设计师一般都经过先添加后删除的过程，应学会如何删除不必要的设计。在创意设计中，某些多余的设计可能影响不大，但在成衣设计中，多余的设计会增加成本和工艺的难度。

在具体设计手法中，减型设计也是元素减法的一个方向，它是指对原有面料进行局部破坏处理，使其改变原有的肌理，打破完整，形成具有无规则、破烂感、不完整特征的面料。它通常采用物理和化学方法，通过镂空、烧花、烂花、抽丝、剪切、砂洗、做旧等手段，形成错落有致、亦实亦虚的设计效果。我们日常休闲装中的牛仔服是设计师实现这种手法的重要途径。

1.镂空

镂空是一种雕刻技术，时尚界用此表现针织或裁剪技术。可见镂空可以通过工艺裁剪技术来实现。它具体是指借助工具在面料或是在制作好的服装上挖出孔洞,然后填补或者不填补的减型设计方式。通过镂空"破坏"的面料或服装"不经意"间泄露出里层的秘密,增加了服装的层次与内容。当然,针织钩编的手法也能实现镂空,如图3-27(a)所示。

 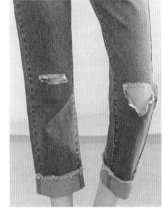

(a)钩编 (b)剪切

图 3-27 钩编与剪切实现镂空

2. 抽纱

抽纱是指面料中的部分经纱或纬纱被抽出形成若隐若现朦胧效果的减型设计方式。经过抽纱工艺制作的面料或服装具有虚实空间、层次丰富、空灵通透或神秘性感的效果,如图3-28所示。

图 3-28 抽纱

3. 褪色

褪色主要是指采用化学手段的方法将面料原有色彩褪去的减型设计方式。该工艺常与缝、扎、喷、刷等工艺结合控制材料与漂白液的接触范围,与褪色浆接触部分被漂白,未接触部分保留原色,从而产生非染色而似染色的效果。在对材料进行减法设计的时候,建议重点掌握减法的

"度"的原则，注意减的位置、数量。

五、限定法

所谓限定法是指在明确的限定条件范围内进行设计的方法。这种设计方法针对性比较强，在成衣设计中较为常用。通常，在具体设计中的限定条件多种多样，不同风格的品牌有不同的定位方向，因此在构成产品的造型、款式、色彩、面料、装饰等方面的限定均会作为设计的必然条件。

六、相关联系法

相关联系法是指利用某一设计的原型类推出相关的成衣形态，将相关造型尽可能地发挥出来，从中选取最佳方案的方法。相关联系法是构成成衣款式系列设计的重要手段，适合在单位时间内完成快速而大量的设计工作。

第五节　综合就是创造

综合是产生新生命、新事物的有效方式，实际上这也是一种学习、吸收、消化、综合已有的知识、成果，进行再创造、再开发以产生新的知识、新的成果的过程。综合就是创造，不仅仅是一种思维方式的体现，也是一种设计方法的体现。

综合运用即综合以上设计手法或者结合非服装用材料等形成新颖、特别、富有变化的款式设计，面料的综合创造是其最出彩的部分之一。设计师需要通过观察现有的材料，从自然、生活、民族、科技以及其他相关艺术中获取灵感，采用各种传统或新兴技法，结合现代审美对其解构、重组，达到综合创新设计材料和服装的目的。在对不同材料进行不同手法综合运用时，符合现代审美是关键，布局的分散和聚焦、色彩的对比与协调、材料的融合与破坏、造型的节奏与韵律都必须经过反复比较和仔细推敲。综合创造的关键是如何找到更多的组合要素来形成大量的新的设想和创造。

本节从仿生造型设计、向大师学习、横向综合、纵向继承这四个角度进行具体阐述。

一、仿生造型设计

提到综合创造，我们不得不提仿生造型设计，因为这是最有特色且是物质世界与精神世界综合的产物。它让设计师从自然界的角度出发，以一种前所未有的、超束缚性的、突破传统的创作模式应用在服装设计上，给服装设计带来了又一新观念和新思想。正是这种从自然界中走出来的设计方法，给服装设计师们提供了源源不断的灵感，同时也使服装更具情趣化、个性化。通过仿生造型设计而产生的新事物是自然界形态与设计师设计思维的一种碰撞与融合。而仿生造型与其他设计手法、设计元素的结合也常常是设计师在进行服装设计时的着眼点。

（一）服装仿生造型的概念与概况

服装中的仿生造型从属于仿生设计，从狭义上讲，主要是对服装的各要素（款式、色彩、面料、服饰品等）及服装部件和细节模仿自然界生物体某一形象特质的设计活动；从广义上讲，是以自然界生物的本质为依据，探索自然生物和生态的内在审美特征和内涵，并以此为设计灵感来源的一种艺术设计活动。

自古以来，大自然一直是服装创作最直接、最生动的题材来源。无论是人类的祖先模仿鱼刺制成的骨针，模仿鸟类在树上筑巢，还是模仿自然形态在石壁和生活器皿上进行的图形创作，都无疑是对大自然的认知和探索，同时也是人类社会生存、进化、发展的真实写照。尤其在自然灾难来临时，人类总是会不自觉地用精神世界的幻想去挑战自然，于是就赋予了贝壳、石头、羽毛和叶子等超自然的能力，逐渐地也就形成了以这些自然元素作为原始精神象征的说法。例如原始人用树叶或者羽毛系扎在腰间，并随着身体动作左右晃动，千万不要以为这只是随意之举，要知道这样的穿着方式不仅可以驱散蚊虫防止叮咬，还可以将身体隐蔽在灌木丛中抵御猛兽的袭击，这也更是原始人自己的一种强烈心里暗示，即认为将羽毛和树叶依附在身体上便是对自己身体超自然的最好保护，这样的穿着方式算是服装最早的雏形，也算是服装历史上最早的仿生。虽然这些行为看似直接而朴素，但却让服装仿生的概念得以发展。此后的服装设计，尤其是19世纪末到20世纪初，设计运动和设计思潮的大量涌现，特别是新艺术运动的影响，自然界中的植物、昆虫、鸟兽等开始作为服装设计中的元素和主题，包括运用在服装面料上的印染、刺绣、图案和花边纹样等，绝大部分造型都是自然生物或自然生物的变形体，这些手法的运用都让服装设计向自然界进一步靠拢。

中国古代服装的仿生方式虽然手法单一但内容丰富，即通过服饰的语境表现思想的状态，带有一定的观赏性和应景性，其艺术创作的美感因素较强，比较典型的以明清时期流行的凤尾裙（图3-29）、水田衣（图3-30）、鱼鳞百褶裙（图3-31）和马蹄袖（图3-32）为代表（这里不做具体介绍）。

图3-29 凤尾裙

图3-30 水田衣

图 3-31 马面褶裙

图 3-32 马蹄袖

与中国古代服装的仿生相比较，西方早期的服装仿生似乎更趋向于外轮廓线的变化，以下以羊腿袖和拉夫领为例进行介绍。在西方国家，早期的服装仿生似乎更趋向于外轮廓线的变化，以下论述以羊腿袖和拉夫领为例。西方服饰中出现的羊腿袖，顾名思义就是袖根犹如羊腿，在袖子的上端蓬开，而在接近手腕处有一段长度的收紧，由于袖根肥大，从袖根到袖口逐渐变细，其形态酷似羊腿故而得名。这种袖子的造型源于当时人们对羊的向往和崇拜，也正是由于这种向往和崇拜才促使人们取羊身上的一部分作为模仿的对象，通过对袖根部分采用各种手法进行夸张的处理，甚至采用了填充物来表现这些生动的设计，人们对这一袖子的形状表现出了难以掩盖的欣喜之情，说明羊腿袖符合当时人们的极致审美观。这种袖子的造型在19世纪后期的欧洲甚为流行，在20世纪60~70年代开始再度兴起，成为一种经典的服装造型并沿用至今，特别是在近两年，羊腿袖很是流行，并被设计师表现出不同的风格，如图3-33所示。

图 3-33 羊腿袖的现代设计

之后又出现了莲藕状的比拉哥斯里布袖与花瓣状拉夫领的组合服装。比拉哥斯里布袖有别于羊腿袖，因为形态酷似莲藕而得名。拉夫领的形状极似奇特的圆形花朵，仿生形态尤为生动明显。于是这种莲藕状的衣袖配以花瓣般散开的高耸领饰在欧洲各国风靡一时，令英国、法国的贵族们竞相模仿这种从自然界中走出来的魅力造型。20世纪70年代开始流行的蝙蝠衫也在造型上运用了仿生设计的手法，蝙蝠衫由于袖幅宽大，从袖口至下摆呈一条弧形的斜线，服装张开后犹如蝙蝠而得名，整体服装造型源自蝙蝠的形态。蝙蝠衫之所以经久不衰，正是因为穿着此服装能使穿着者在举手投足中展现出女性的飘逸柔美。

总的来说，中国早期的服装仿生吸收了丰富的艺术文化，使得中国古代的服装趋于写意的情怀；而西方早期的服装仿生则相对较注重整体形态的仿生，追求的是立体感的视觉审美效果，整体趋势是对自然植物进行变异和夸张的仿生。不管两者有何差异，我们都可以从史料的查阅中感受到每件服装的视觉冲击和仿生再创造的艺术魅力。

（二）仿生造型的综合运用

从服装仿生造型的发展史中，我们可知服装仿生设计最出彩的是形态的仿生，即融入仿生的造型设计。从服装史中传承下来的仿生造型如羊腿袖、灯笼袖、蝙蝠衫、喇叭裤、荷叶边等都是服装设计与仿生设计的完美结晶。这些仿生造型都体现在服装的局部设计中，如袖型设计、领型设计、局部装饰设计、裤腿设计等。在服装设计中，局部具有一定的内涵表现意义，它不仅具有

自身的形态特点和表现语言，还起到丰富整体的作用。同样，这些服装局部中的仿生造型设计也为整体设计带来了灵气，使得整体设计丰满而不呆板。

这里对仿生造型综合运用的阐述，同样地以灯笼袖、喇叭裤、荷叶边这三个经典的仿生造型为例，探讨其在现代成衣设计中多样的组合设计形式，以期为其他元素的综合设计提供一种设计的思路与方法。

1.灯笼袖的综合运用

图3-34～图3-37分别是灯笼袖与一字肩、镂空法、层叠法结合的设计作品以及灯笼袖与荷叶边、镂空法结合的设计作品。同一形态不同设计元素、手法的结合，其设计结果是丰富多彩的。特别是再结合不同的面料，搭配不同的色彩，其设计的结果更是多种多样。

图 3-34　灯笼袖与一字肩结合的设计作品

图 3-35　灯笼袖与镂空法结合的设计作品

图 3-36　灯笼袖与层叠法结合的
设计作品

图 3-37　灯笼袖与荷叶边、镂空法结合的
设计作品

2. 喇叭裤的综合运用

图3-38、图3-39的款式分别表现的是喇叭裤与荷叶边元素，喇叭裤与荷叶边、流苏元素结合的设计作品。

图 3-38　喇叭裤与荷叶边元素结合的
设计作品

图 3-39　喇叭裤与荷叶边、流苏元素结合的
设计作品

3. 荷叶边的综合运用

图3-40表现的是荷叶边的不对称设计效果，同时在款式设计中加入了红色纽扣的元素，使得整体设计感层次鲜明，且有很强的视觉集中感。图3-41是荷叶边与解构设计、露肩设计的综合运用，是近年来的潮流设计，表现出了很强的个性，慵懒美与凌乱美兼具。

图 3-40　荷叶边与纽扣元素结合的
设计作品

图 3-41　荷叶边与解构设计、露肩设计结合的
设计作品

二、向大师学习

综合就是创造，创造是设计的灵魂。向大师学习是为了更好地创造。它具体是指设计师进行成衣创作时可向服装大师们学习，学习大师们的设计思维、借鉴大师们的表现方法以及设计的作品，汲取其中的精华，与自己的设计需求结合，以创造出新的作品。现代成衣市场上的设计更多的是借他山之石，即借鉴其被人们广泛接受的设计特点和造型元素进行延伸性设计，并与之构成系列。这样的设计作品在一定程度上也有创新性。

三、横向综合

横向综合，顾名思义就是对成衣设计的综合运用进行横向角度的分析，包括对内部结构的综合运用、面料设计中的综合运用以及成衣系列设计中的综合运用分析。

（一）内部结构的综合运用

内部结构的综合运用是指在进行成衣款式图设计时，将省道和分割线以及褶裥三者在成衣上合理分配并进行综合运用，当然其分布的位置非常重要，它们能够使成衣实现廓形的演绎。内部结构的综合运用可以使它们之间相互作用形成协调统一的美感，丰富设计变化并呈现出独特的风格。在成衣市场中，我们可以看见很多宽肩设计的造型，但是每个成衣品牌通过自我产品风格的结合，采用不同的表达方式，运用省道和分割线的变换组合，呈现出不同的设计效果。

在这个以细节取胜的年代，任何方面想要有所成就，对于细节的处理就必须精益求精。缺少细节的服装经不起近距离的审视，而对内部结构的综合运用既能够体现细节之美，也能够展现创意之美。

（二）面料设计中的综合运用

当成衣款式相对简单（如T恤、休闲外套、牛仔裤）时，面料图案就会成为视觉的重点，设计师将会花费大量的时间在面料图案设计的推陈出新中。单一面料图案的设计往往很难具有时尚性，现代面料图案的设计往往是多种元素、多种手法的综合运用。前面在介绍元素加法、元素减法时提到了很多种设计技法与设计工艺，这些技法与工艺都是现代成衣设计中常用的。将这些技法、工艺与多样的材料、元素进行组合，其搭配组合的形式是无穷无尽的。这就是综合运用，如图3-42所示。

图 3-42　面料的综合运用

（三）成衣系列设计中的综合运用

设计师在进行成衣系列设计时常常以某一流行元素作为设计中的表现重点，在多个款式的不同部位上进行组搭设计。而且在每一款的具体设计中，这一流行元素往往也会与其他的设计元素、设计手法相结合。这就产生了一个系列四款或更多的款式服装。这个流行元素可以是某种色彩、面料、图案，也可以是轮廓、结构和细节，更可以是装饰配件和穿着方式，如图3-43、图3-44所示。一般说来，设计开发中所采集的成衣元素的范围是无限的，而构成系列产品的风格则应该是确定和统一的（符合品牌产品的风格定位）。在具体设计过程中，要注意避免主体元素过多、组合过于复杂而产生的凌乱不整以及风格变异的现象。

图 3-43　以"木耳边"为元素的成衣系列设计

图 3-44　以格纹图案、PVC（聚氯乙烯）材料为元素的成衣系列设计

四、纵向继承

不同于横向综合，纵向继承可解释为设计与多学科、多领域的综合运用。曾有学者指出：所谓"创造"，即"照搬""模仿"之反，意在博采众说中的合理部分，经过辩证地分析、鉴别，进行一种新的再创造。"综合"的目的，并非仅仅出于兼收并蓄，而意在"创造"。这句话正是对"综合就是创造"的诠释。而整个人类文明的发展就是在不断吸取、不断继承中不断创造前进的。科学如此，设计也是如此。任何一门学科都离不开其他学科的营养，特别是设计这门艺术与科学技术完美结合的学科，本身就体现了综合的特性。在现代设计中，往往不是单一学科的运用，就比如服装设计，往往离不开色彩学、消费心理学、材料工艺学等。多学科、多领域的交叉使得设计这门学科更加饱满、多元。再如在成衣设计环节中对灵感的收集，设计师往往并不是仅从服装史中汲取灵感，各国的文化、建筑、自然风景都是可以借鉴的，且灵感的运用也可以是多个灵感的综合。

提到现代成衣设计，每位设计师都会面对传统文化与现代设计的思考。对传统文化的继承也算是一种综合创造的体现，当然这种文化的继承同样不仅仅是兼收并蓄，而意在"创造"。

第四章
成衣设计定位

　　成衣设计从企业的角度来看，指企业或者设计公司根据目标市场、消费者需求、企业自身品牌文化等实际情况并结合国内外流行时尚而进行的有计划的季度产品开发设计，强调的是成衣开发设计的过程。而在整个成衣开发设计、生产过程中，成衣的设计定位是其先导环节，设计定位在整个成衣项目中的地位可以说是重中之重。即定位是成衣设计工作的第一步，也是限定成衣设计师设计工作的前提条件。要设定特定的产品适应特定的消费人群，要了解品牌所针对的目标客户群是哪些，要了解目标客户群的性别、年龄、风格、价位以及生活方式，才能正确迎合消费者的口味。明确的方向是指引设计师成功的关键，如果方向错了，即使是设计师设计做得再好，也会前功尽弃，不受目标客户群的欢迎，以至做了徒劳无功的事情。

　　从品牌角度来看，成衣设计定位是在品牌的基础上展开和进行的，可以说成衣品牌的定位决定了成衣设计定位的基础。本章从不同的角度对成衣进行设计定位解析。

第一节　成衣层次设计定位

　　成衣层次设计定位是成衣品牌或企业在前期市场调研时要明确的产品方向和目标。成衣层次设计定位可以从四个角度进行阐述，分别是受众人群定位、产品定位、价格定位、地域性设计定位。

一、受众人群定位

　　在成衣商品企划领域，市场定位（即受众人群定位）是首要工作。一个品牌的市场定位必须是基本稳定的，一个成衣品牌的市场定位在其创设初期理应经过市场调研、市场细分、终端预测与规划等一系列工作论证后得到明确，尔后在实际运作过程中也可以根据市场的变化适时调整并完善，从而逐渐形成与企业产品特色最为契合的品牌风格和市场定位。但适时调整绝不是追随流行而盲目跟风，特别是不能随意变化风格。在市场定位上投机取巧的结果必然是由于风格多变导致个性丧失最终被市场抛弃，更谈不上做大做强。可见，明确市场定位的一种稳定而成熟的风格是稳定市场份额的以不变应万变的手段与法宝。

　　市场的细分化意味着消费群体的细分化，在进行市场定位也就是受众人群定位时，要全面而细致地了解消费者。消费者的年龄层次、性别、职业特点、收入水平、受教育程度等都影响着成衣定位设置。

　　任何产品都有自己特定的年龄段，不同年龄段的顾客对服装的风格、品质、价格、功能等有不同的要求。性别不同，其对服装的喜好也不相同。一般而言，服装产品以性别来区分产品定位是常用标志，如男装、女装。又如同龄的年轻人，有的年轻人性格含蓄内敛，喜欢绅士、淑女、浪漫的服装风格；有的年轻人则性格热情奔放，喜欢潮流、时尚、个性突出的服装风格。中年人也是如此，有些中年人喜欢穿得像年轻人一样时髦、漂亮，并试图显示出自己年龄、身份所能承载的贵气；有些则以居家生活为主，挑选服装更注重简洁大方和实用性。消费者的职业，是学生还是工作人士，是高级白领还是普通工薪阶层，其可支配的资金和收入水平、其穿衣的环境和出席的场合等都影响他们在服装上的选择。比如像香奈儿、路易威登、阿玛尼等品牌因其面向精英人士、社会名流、明星等，则品牌定位在高端奢侈品。ZARA、H&M等快时尚品牌则相反，品牌受众人群是追求高端时尚但能力有限的年轻人。

二、产品定位

消费者的受教育程度会影响其审美，进而表现在对不同服装风格的偏好上，从而影响到成衣设计更为细致的产品定位。

在市场细分的基础上，产品定位首先需要确定品牌的产品类别，这是在服装领域进行细分时所必需的，即首先要确定是经营男装、女装还是童装，再确定经营运动装、休闲装还是职业装，同时要细化到具体的品种，如大衣、风衣、连衣裙、裤子、衬衫等，根据品牌风格，对产品类别和不同品种的数量配比关系做出具体的设计规定。

当然，每个品牌的产品因经营理念与发展目标的不同，其主攻方向会有所不同，有的重点在于单一品类的形式，比如有的品牌只做衬衫，有的侧重于产品的系列化和整体性运作。无论是何种形式，产品的构成通常以前卫类产品、畅销类产品、基本类产品三种类型呈现。由于市场竞争的激烈，准确的产品定位还必须与竞争对手的同类产品产生差别。为避免不同品牌产品定位的同质化问题，这就需要关注差异化价值点的定位，寻求最佳且有亮点的产品组合定位。在多如牛毛的品牌海洋里，唯有差异化才是生存之道。

三、价格定位

价格定位决定了产品的档次，包括奢、高、中、低等不同组合档次的定位。这些定位分别针对不同层次的目标消费群。比如华伦天奴品牌及价位定位在高端奢侈品，其目标消费人群为精英人士、社会名流和明星等。国产品牌歌莉娅价格定位在中高水平，针对的是有一定消费能力的25～45岁中青年女性。她们已经工作或者工作多年，有一定经济基础和文化修养，强调生活品质。而如广东、常熟、浙江等城市里的批发市场上的服装价格定位在中低水平，这是针对大众成衣市场上那些没有很好经济基础、消费水平低的人群。

产品的价格构成受到诸多因素的影响，合理的定价策略既能保证产品的利润空间又能得到目标消费群的认同。成衣价格制定得过高或过低都不利于企业品牌的发展，定价就是在目标消费者的心理承受能力与企业品牌经营利润之间取得"双赢"的效果。每个品牌都有自己特定的价格策略，在定价之前，企业要参考以往的销售记录再加之以自己的经验进行分析推断。同时也要充分考虑到各方面的成本因素，包括成衣在销售过程中的打折比例与力度。

四、地域性设计定位

成衣地域性设计定位，通俗讲就是要考虑在哪个区域销售，面对的是国内市场还是国外市场，甚至是具体到细分的区域市场，比如国内的华东、华南、华中、华北。定位是基于细分之上的，而进一步细分又是依赖于定位的，所以定位这个环节至关重要。由于受到不同地理环境、气候条件、风俗习惯、生活方式、宗教信仰等因素的影响，不同地区、不同层次的人所接受的消费观念不同，其所接受的流行也会有所不同，对于服装风格和色彩的喜好可以说是千差万别，既有积极追求流行时尚的人，也有长期保持传统习惯的人。面对这样多样化的消费群体，企业生产的成衣不可能一一满足，因此才更需要地域性设计定位。地域性设计定位能让设计师更加精准地把握消费者的消费心理和消费习惯，设计出更加契合市场需求且紧跟时尚的成衣作品。

现在，成衣的设计离不开对时尚流行的融入，在进行地域性设计定位时，首先我们需要了解何为"地域流行的层次性"。

一个时期内的流行会成为社会群体广泛追求的目标，但由于受到不同地理环境、气候条件、风俗习惯、生活方式、宗教信仰等因素的影响，不同地域或地区的人的着装风格和流行程度也是不尽相同的。大体上来说，生活水平高、生产力发达的地区比生活水平较低、生产力欠发达的地区接受流行的速度要快一些，对流行的执行力度也更强一些。

流行风首先从欧洲吹起，欧洲向来是传统的流行领导者。巴黎时装是高品位、艺术化、精细奥妙的化身，最大限度地体现了服装美。高质与高价、时尚的外形、柔软的质地、精良的做工构成了巴黎的服装风格，巴黎的高级女装是最高设计水平的代表之一。同时，米兰的流行自成一格，朝着与巴黎不同的方向发展，鲜明的特征便是将高级时装平民化、成衣化。英国伦敦的设计师更有创造力、更前卫，而且也更能吸引特定的顾客，他们打破传统的设计理念，将各种材料运用到服装中，并且掀起新的着装方式浪潮。欧洲以外的地区同样也形成了不同的地域流行特点。在日本，流行融合了日本艺术与美国风格，并且巧妙地结合了古典传统与现代元素即日本的功能主义。它的时装风格不强调合体、曲线，宽松肥大的非构筑式设计取代了西方传统的构筑式窄衣结构，并对布料与人的关系做了新的诠释：把人体视作一个特定物体，将布料作为包装材料，从而创造出美好的服装视觉效果。而美国式的流行则与美国的国民精神一样，讲究实用为第一风格。在美国人看来，巴黎的高级时装过于贵族化，并不适合美国的女性消费者，所以纽约的设计师能够发展出轻松、讲究功能、打破年龄藩篱的服装，而且将运动服装提高到流行的层次，也将流行服饰落实到日常生活之中。

近年来，由于世界局势的不稳定性和经济发展的不平衡性，曾经是流行界"独裁者"的法国，现在却必须与欧洲其他流行重镇以及美国、日本等地分享主导流行的权利，由此广泛的服装流行地域产生了服装流行地域的层次性。

第二节　成衣风格设计定位

叔本华说，"风格是心灵的外貌"，而成衣的风格设计则诠释着品牌精神与品牌特色。对于成衣设计者而言，在进行成衣风格设计定位之前，通常要先明确其所属公司成衣品牌或所创成衣品牌的风格定位。这就要求设计师对成衣的不同风格都有清晰的了解，才能在自己的设计中推陈出新，开辟一条既具经典元素又富有个人特色的道路。

"风格"最早源于希腊，最初的含义是希腊人用来写字的棒子，后来演变出另一种含义，即笔调或阐述思想的方式，随后它的词义范围愈来愈扩大，不再局限于文学范畴，而进入音乐、舞蹈、绘画、建筑等各种艺术领域。"风格"字面的含义不断变化，据资料记载，在18世纪中叶时期，欧洲人才把"风格"理解为我们现在理解的意思。

品牌成衣的风格有些是经过历史与审美积淀在长期发展的过程中贯彻下来的。尽管流行时尚的浪潮不断演进，设计元素不断地更新换代，其品牌风格却未曾发生改变，如香奈儿的优雅风格，博柏利（Burberry）的经典英伦风格，阿玛尼的简约优雅风格等。风格历久不衰，它不会随着时间的流逝而消失，在不同时期它被以不同的方式、手法重新诠释，不断重生。

在成衣设计环节，设计师对风格的准确定位与表达，是其品牌企划的核心，风格设计的定位某种程度上决定了之后款式配件搭配的设计，面料材质、色彩的选择，陈列展示设计等。

当然在了解国际知名品牌定位的服装风格之外，我们还应了解其他一些已约定俗成的、具有成熟性与稳定性的风格。

成衣的风格是不同类型成衣相互区分的标志，不同时代造就不同的成衣类型，不同文化背景形成不同的成衣特色，甚至不同设计师也可以创造不同的成衣特点。因此，成衣风格随着时代发展至今，呈现出百花齐放、百家争鸣的欣欣态势。目前，人们对成衣风格进行了各种各样的分类，但无论如何划分成衣的风格，它们都具有共同的特性，即具有鲜明的时代烙印。现如今经济与科技高速发展、文化多元化、服装需求多样化，设计师为了适应市场需求、引领时尚文化，需要借鉴和吸纳不同的文化风格。大众生活品位也在不断提高，对时尚的诉求有增无减，因而设计师也需要对服装风格有清晰的了解。所以，有必要对服装风格进行分类。

以下主要介绍四类服装：民族与地域类、历史与时代类、艺术与文化思潮类、个人品牌风格类。服装风格不仅仅是服装设计师要研究的内容，也是人们通过日常着装展现个性的有效体现，穿出适合自己、凸显气质的服装，可以表达个性、自成一派。下面介绍这四种典型的服装风格。

一、民族与地域类

服装风格是不同类型服装相互区分的标志，不同时代造就不同的服装类型，不同文化背景形成不同的服装特色，甚至不同设计师也可以创造不同的服装特点。因此，服装风格随着时代发展至今，呈现出百花齐放、百家争鸣的欣欣态势。目前，人们对服装风格进行各种各样的分类，但无论如何划分服装风格，它们都具有共同的特性，即具有鲜明的时代烙印。

不同国家、不同地区的很多民族在长期生活中，逐渐形成了服装风格，这种风格具有独特的地方特色和民族风情，丰富多彩、充满趣味。如中国风格、日本风格、波希米亚风格、印第安风格、非洲风格、西部牛仔风格等。现在很多服装设计师都取其特色精华，结合现代审美，呈现出新的风貌。

（一）中国风格

五千年的文明赋予了中国传统服饰深厚的内涵和丰富多样的形式。夏、商、周时期的服饰，已形成上衣下裳和上下连属两种基本形制。在上下连属的冕服上施以十二章纹，初步显露图案富有寓意、色彩有所象征的中国传统审美意识。春秋战国时期，普及上下连属的深衣制，深衣袖圆似规，领方似矩，背后垂直如绳，下摆平衡似权，中国服装的直线裁剪、平面化构成基本确立。秦汉时期女装主要是深衣和襦裙，襦裙为上衣下裳的日常装。从深衣发展而来的袍服非常盛行。秦汉时装样式丰富、工艺精细，受"丝绸之路"影响，出现了大量图案精美的丝绸织物。秦汉时期的服装如图4-1所示。

图4-1 秦汉时期的服装

至强盛的唐代，服饰异常绚丽多彩、美艳华贵，北方游牧民族的胡服也大为流行。女装着窄袖衫襦、长裙，长裙高至胸部，裙长拖地，而宽袖薄罗衫子则使肌肤隐约可见。受理学思想影响的宋代服饰崇尚自然、朴素，款式、色彩等都趋于淡雅恬静。宋代服饰以"背子"最为流行，背子对襟、直领、侧开衩，整体造型简洁修长，又不失精致装饰，是传统女装中最能体现女性美的服饰样式之一。明朝服饰北方仿效江南，比甲、长裙等以修长为美，显现儒雅之风；服饰上用吉祥图案，崇尚繁丽华美；冠服制度严谨，官服缀绣补子以区分等级。

清朝是中国服饰演变过程中变化较大的时期，少数民族服饰盛行，满汉两族的服饰不断融合，产生出讲究繁缛、坠饰精细的艺术样式。服装样式主要有旗袍和袄、裙等，常用镶滚绣彩装饰工艺。旗袍为直筒形袍服,采用立领、盘扣、开衩和宽图案镶边等样式,穿着很普及。民国时期女子服饰的精华之作是改良旗袍,将直筒形转化为曲线造型。这种曲线优美、风格典雅的服饰很适合表现东方女子的独特美感,深受欢迎,被公认为中国女子传统服饰的经典,如图4-2所示。

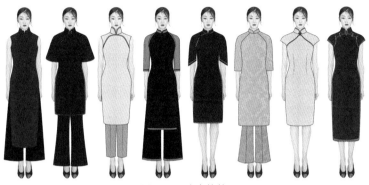

图 4-2　改良旗袍

　　中国传统服饰文化的温婉含蓄、优雅细致具有独特的艺术韵味,带有理性的超然,具有形与神的和谐。这种传统美具有内在的精神力量,通过造型、色彩、纹饰、肌理等具体形式呈现出来。在西方主流之外的传统民族文化受重视的现今,东西方文化的碰撞带来了无穷的设计灵感,中国风格一再呈现在国际成衣大赛的舞台上,如图4-3所示。而在成衣市场上,中式风格也受到越来越多消费者的追捧,如图4-4所示。

图 4-3　中国风系列成衣

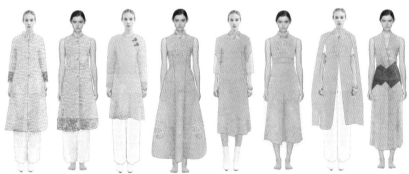

图 4-4　中式风格成衣

（二）日本风格

日本传统服饰的构成很大程度上是吸收了外来文化的结果，尤其是对中国隋唐服饰文化的引进。中国古代的深衣、襦裙及胡服等直接影响着日本古代的服装样式。到唐代，中日的交往最频繁，日本处于飞鸟奈良时期，是完成女子服饰上衣下裳基本模式的时期。此时期日本女子的服饰大量吸收了唐代服饰文化，从简单的样式向华丽、冗繁的风格跨越。日本的平安时代，被称为贵族的时代。随着社会的不断发展，日本对唐的一味模仿也开始渐渐转变。随着遣唐使的废除和唐代的灭亡，日本与中国的往来便极少了，对唐的模仿大大地减弱了，两国的服饰也走上了不同的分叉口。

平安时代后期至镰仓时代是武家的时代，从这个时期开始，现代和服的形象便逐步呈现出来，它已经是有别于唐代服饰、自成特色的"和服"了。由于断绝了与中国的往来，其服装与后来中国宋元明清的服饰都已经不同。平安时代的冗繁服装到此时发生了大幅度的简化，并由上衣下裳向上下联属的方向过渡，讲究的腰带代替了裳。到了元禄时代，随着坐垫文化的发达，和服也向着不利于站立行走而适合跪坐的形势发展，下身越趋窄小统直，例如讲究精致华丽的本振袖和服（图4-5）。为了顺应成衣的市场需求，经过绵长的演变过程，日本服饰逐渐发展出注入了日本民族文化特色的改良和服，如图4-6所示。

图4-5　日本传统和服　　　　　　　　图4-6　日本风格的改良和服

（三）波希米亚风格

波希米亚是捷克中西部的一个地名，是吉卜赛人的聚居地。吉卜赛人以能歌善舞而著称，尤其在艺术、服饰等方面，都有指向流浪、不羁、自由风格的共同点。

吉卜赛人最初在欧洲过着游牧生活，拥有多种技能并从事多种职业，如音乐家、铁匠、占卜者、艺术家和舞蹈家。他们起初很受欢迎，但不久就遭到了敌视。欧洲当时最强大的三种势力——教会、政府和行业协会开始排挤他们，吉卜赛人最终被挤出主流社会，成为边缘群体。吉卜赛人内心有着很强的民族性格，拒绝其他文化与变化，保守着内心关于流浪的一些浪漫的向往和天生特质。长期以来，吉卜赛人颠沛流离，他们的文化被视为穷人的自娱自乐，吉卜赛女性的着装，也不登主流时装的大雅之堂。最近几十年来，人类的科技文明以惊人的速度发展，而人类的精神面貌却空前的苍白。源于文明而来的种种异化让人类渴望"自由""自然"，而吉卜赛女性形象带给人以心灵的慰藉和渴望之情。同时，也随着世界多元化的发展，世人被这个民族吸引，波希米亚文化在全世界都流行起来。

在服装设计领域，波希米亚服饰元素被主流设计师吸收融合，如图4-7所示。粗犷厚重的面料，如丝、麻网眼织物，闪光的金属沙罗织物，层层叠叠的波浪褶裙，荷叶边，民族风格几何纹，缎带条纹，鲜艳的手工装饰、流苏、缠绕的串珠等，波希米亚服饰已成了一种"流浪""自由"的象征，提供了一种超出都市文明人生活经验的浪漫境界。

图4-7　波希米亚风格系列成衣

（四）印第安风格

土著印第安人是美洲最早的开拓者，他们与大自然共生存，以狩猎为生，养成了简易的性格。印第安人的服饰艺术主要来源于自然，他们用骨角作工具，皮毛制衣裳。男人无论是酋长还是骑士都用许多骨珠、贝壳等饰物和麻布披挂在胸前和臀腰间，服饰色彩鲜艳，造型无规则。头上的饰物尤其耀眼，如图4-8所示，以老鹰的羽毛依次整齐排列，从头顶向下或从头顶自左至右展开呈扇形，或者以头顶为中心向四周散开如花丛。面具和纹面是印第安人的一种强烈的文化艺术表现，头上的羽毛与身上的毛皮以及颜面的涂彩组合起来，富有装饰美。土著人的罩衫、绑腿和铺垫展子上，有表现部族信仰即用以避邪的图案，是以神源、鸟兽和规则的几何形编排起来的装饰图案，其艺术语言既直白又纯真。

现今的印第安人已经远离游牧生活，定居在美国的中、西部，自由牛仔精神是他们所具有的品格，这种风格的成衣如图4-9所示。

图 4-8 传统印第安服饰

图 4-9 2013香奈儿"巴黎－达拉斯"系列中的印第安风格成衣

（五）非洲风格

　　非洲是面积和人口都仅次于亚洲的世界第二大洲，非洲的民族问题非常复杂，大部分民族还处于部族的状态，部族的数量可谓世界之最。由于自然环境的影响和历史发展进程的制约，非洲传统服饰艺术始终保持着一定的原始特征，并带有显著的宗教性，反映出古朴、稚拙、简洁和深沉的原始气息。

图 4-10 传统非洲风格服饰

　　非洲人坚信大自然中一切生物之所以繁衍生息、充满活力，完全是由神灵控制的生命力所支配。他们的敬奉和崇拜，无疑是祈求从祖先和神灵那里获取"生命力"来保障自己的生存。恶劣的生存环境、原始的生活方式，使非洲人对生命本能的渴望和追求表现得十分强烈。这一观念反映在非洲服饰艺术的各个构成元素之中，借助完整的形体、强烈的色彩和夸张的造型来体现出很强的感染力，如图4-10所示。北非埃及的系扎式、贯头式服饰，西非的贯头式长袍，东非的挂覆式衣物，南非的以系扎式和佩戴型为主的装束，主要由这四部分组成的非洲服饰在世界范围内别具一格。在现代成衣市场中，非洲风格的成衣会依据"实用、经济、美观"的原则做适当地删减，如图4-11所示。

图 4-11 非洲风格成衣

（六）西部牛仔风格

一般认为美国西部牛仔以19世纪后期美国西部大开发为背景而产生。牛仔不仅为美国创造了物质财富，同时为美国乃至世界创造了具有深远持久影响的牛仔文化。西部牛仔是深受世人喜爱的具有英雄主义与浪漫主义色彩的人物，他们的服饰形象尤其受欢迎。牛仔服饰最初是在印第安人和墨西哥人双重影响下产生的，但随着时间的推移，发生了潜移默化的演变，并逐渐形成了富有美国特色的美式牛仔服饰，如图4-12所示。在文学和艺术作品中，牛仔通常都是头戴墨西哥式宽沿高顶毡帽，腰挎柯尔特左轮连发手枪或肩扛温彻斯特来复枪，身缠子弹带，穿着牛仔裤、皮上衣以及束袖紧身多袋牛仔服，足蹬一双饰有刺马钉的高筒皮套靴，颈围一块色彩鲜艳夺目的印花大方巾，骑着快马，形象威猛而洒脱，是一种典型的表现个人主义和自由精神的外在装束。

图4-12　传统西部牛仔风格服饰

经过了100多年的发展，现在牛仔服装仍长盛不衰，甚至越来越受欢迎，品种样式越来越多，面料外观工艺不断丰富、创新，这是其他服装类型所无法比拟的，如图4-13、图4-14所示。

图4-13　西部牛仔风格系列成衣

二、历史与时代类

"古为今用，洋为中用"，这是毛泽东主席当年讲的意义深刻的8个字。"古为今用"是对优秀文化继承的肯定，是对历史的尊重；"洋为中用"是智慧的借鉴，是一种大智，要"取其精华，去其糟粕"。这句话在服饰设计中的运用就是要善于纵向研究、横向学习，拿来有用的放弃无用的，运用一切可以参考的设计元素为艺术创作服务。设计的意义不仅在于满足物质的实用性需要，更在于满足人们心理与精神的需要，只要有利于丰富与美化人们的生活，我们就应该借鉴一切美的设计元素，不分古今，淡化国界。

服装发展与人类历史发展如影随形。因为受不同时期政治、经济、文化等多方面的影响，服装风格都具有鲜明的时代烙印。典型的服装风格有古希腊风格、中世纪风格、巴洛克风格、洛可可风格、爱德华风格等，它们具有历史文化的积淀，也是设计中取之不竭的灵感源泉。我们将具有此特性的成衣归类为历史与时代类。

（一）古希腊风格

爱琴海、地中海孕育了古希腊的航海文明。公元前7000年，人们通过航海进行贸易，从而形成了开放的思想。在征服海洋和探索新地域的条件下，古希腊人形成了对人体自身能力的重视，这是"人本主义"精神产生的条件。古希腊"神人同形同性"的神话正是反映了对人的无限潜能的认识，以及希腊相对自由、开放的氛围。古希腊传统风格服饰如图4-14所示。

古希腊人的服装艺术形象，没有宗教的浸染，没有奢华的矫饰，简洁中透露出自然、质朴、优雅的美感。古希腊服装是西方古典风格的源头，对后来许多历史时期的服装产生了直接或间接的影响。图4-15是古希腊风格系列成衣。

图4-14　古希腊传统风格服饰

图4-15　古希腊风格系列成衣

（二）中世纪风格

中世纪纺织手工业兴旺，北欧的珍贵毛皮被大量使用，东方的织品及技术被传入，促进了服饰的发展。中世纪时的服装宽衣大裙、遮盖严密，与人体脱离了结合关系，只有为上帝而存在的象征意义，不过同时也使服饰面料、色彩、造型等有独立表现空间。到后期，逐渐出现了资本主义萌芽，文化、艺术进入人文主义革命时期。

中世纪的艺术形式发展主要有拜占庭式、罗马式和哥特式。拜占庭文化融合希腊、罗马传统文明、东方文明、新兴基督教文化，染织业、丝织业发达，织物华美。纺织品博采众长，是拜占庭帝国服装发展的基础。"丝绸之路"对拜占庭丝绸业发展起了重要作用。另有毛、麻交织物，毛衣，毛皮等。中世纪初期服装基本沿用罗马末期样式。后来随着基督教文化的普及，服装外形变得呆板、僵硬，表现的重点转到衣料质地、色彩及装饰上，样式豪华，被称为"奢华的时代"。

罗马式艺术形式是在拜占庭艺术的基础上，更注重吸收古罗马传统风格。古罗马的柱式普遍被采用，重视雕刻艺术的表现力。罗马式建筑的风格有着庄重沉着的造型和华美的装饰，尤以辉煌精美的镶嵌画闻名。服饰方面，保留了古希腊、古罗马的飘逸美及优美的自然凹凸褶皱，受基督教、游牧民族和东方的中国、日本、波斯等国影响，又有了一些新的变化。中世纪拜占庭风格系列成衣如图4-16所示。

图4-16　中世纪拜占庭风格系列成衣

中世纪欧洲的经济和社会产生了深刻的变革，其思想、文化和艺术也达到了空前的发展。这一时期的艺术风格，通常被称为哥特式风格。哥特式源于建筑艺术，因在欧洲人眼里罗马式是正统艺术，所以继而兴起的新的建筑形式就被贬为哥特式。哥特式建筑以高、直、尖和具有强烈的向上动势为造型特征，连同色彩斑斓的彩色玻璃窗和各式各样的轻巧玲珑的雕刻装饰，造成一种

"天国"的神秘感。哥特式雕塑是教堂建筑中不可缺少的装饰，它的人物形象开始保持独立的空间地位，追求三度空间的立体造型，追求自然生动的塑造，使人体逐渐丰满起来，衣褶也随之有了结构变化，使人感到衣服里面是实在的人体。哥特式服装深受建筑艺术的影响。新兴贵族的服装潮流表现出哥特式独特的服装文化特征。

（三）巴洛克风格

17世纪的法国政权是封建贵族和上层资产阶级在君主制度下的妥协政权，君主政体发达，资本主义经济在王权的控制下得到高度发展。在生活上宫廷贵族和新兴资产阶级一样追求奢华，巴洛克艺术迎合了他们的需求。

巴洛克最初用以表示建筑中奇特的样式，其特点是装饰性强、豪华艳丽、富有动感。后来这种形式影响到音乐、绘画、雕塑、服饰等各个文化领域。在路易十四时期，法国国力鼎盛此时的建筑和服饰，都成为当时欧洲的代表。巴洛克艺术倾向于雄伟气势、豪华、强烈感官色彩，融合宫廷文化和宗教热情，服饰样式豪华、艳丽，尤其男服的发展达到奢华、造作的顶峰。巴洛克风格男子服装有许多缎带、环节、蕾丝、褶皱装饰，外观上层层叠叠、装饰华丽，并且戴有各种颜色的披肩卷丝假发和插鸵鸟毛的宽檐帽。女子服装以细腰凸臀的线条为美；上身采用嵌有鲸鱼须

的紧身胸衣，上衣紧身，无袖，腰部呈"V"字尖状，领口深而大；露出的衬衫有繁复的花边、饰圈、花结装饰，宽大的袖身披系结成几段，形成重复的泡泡袖；裙子不用架撑，但造型膨大，往往采用腰间打褶的肥大裙子，多层穿着；女子出门有手杖及遮阳的面罩等饰物。巴洛克装饰纹样则主要以仿生的曲线和古老莨苕叶状的装饰为风格。从17世纪中期开始，法国巴洛克服装样式在欧洲统领流行。巴洛克风格系列成衣如图4-17所示。

图4-17 巴洛克风格系列成衣

（四）洛可可风格

18世纪英国、美国、法国等国相继出现的资产阶级革命，改变了世界面貌。法国仍是欧洲文化艺术中心，其影响从凡尔赛传到巴黎，知识分子、上流阶层人士以沙龙作为社交中心，这形成了18世纪独有的文化风格。随着资产阶级地位的不断上升，巴洛克风格逐渐被洛可可风格代替。

"洛可可"一词来源于法语"假山、石堆",是1715～1775年路易十五时代盛行的一种奢华风格,主要体现于室内装饰、服装和建筑行业。它的装饰特征洋溢着东方特别是中国情调,其样式形成过程中受到中国庭院设计、室内设计、丝织品、瓷器、漆器等艺术的影响。洛可可具有纤细、轻巧、华丽和烦琐的装饰性,色彩艳丽,富有曲线趣味,十分喜欢"C"形、"S"形、漩涡形的曲线,崇尚自然植物、花卉纹样。洛可可风格符合路易十五的情人篷巴杜夫人的品位:布歇的彩色粉笔画、中国的工艺品,她都喜欢。这种风格影响了欧洲。洛可可风格服装以紧身胸衣和裙撑为中心,裙子的膨大造型与上装的紧身形成对比,以人工矫饰突出了女性的性感。18世纪中后期女服更加华丽,花边、缎带花结、花饰、繁复褶裥遍布全身,花团锦簇。篷巴杜夫人的服饰多为此类,是典型的洛可可风格的宫殿服装,如图4-18所示。洛可可风格成衣如图4-19所示。

图4-18 传统洛可可风格服饰

图4-19 洛可可风格成衣

（五）爱德华风格

19世纪末20世纪初的爱德华时代是服装激烈变革的交锋期。以紧身胸衣为核心的服装妨碍了女性参加社会活动，因此对于服装设计改革的诉求越来越强烈。设计师创造的"健康胸衣"把妇女从旧形式的紧身衣中解放出来，促发服装业转折性革命，使此时期服装突破胸衣束缚，臀部丰满隆起，服装侧面形成生动优美的自然曲线造型。爱德华时代服装造型基本相同，紧凑的上身、宽大的裙子、高耸的衣领，胸、臀突出，小腹平直，这是当时整个社会崇尚的一种穿衣方式。20世纪初期出现了服装设计师，为少数富裕女性或演艺女明星服务，并通过她们推动设计款式的流行。

爱德华时代服装受"新艺术"运动影响明显。"新艺术"运动是19世纪末20世纪初在欧洲和美国产生并发展的一次影响面相当大的"装饰艺术"运动，从建筑、家具、产品、服饰、平面设计，一直到绘画、雕塑都受到影响。反对维多利亚矫饰风格及其他过分装饰的风格，也是对工业化风格的强烈反映，旨在重新引起对传统手工艺的重视。爱德华风格完全放弃对任何一种传统装饰风格的参照，装饰灵感基本来自于植物、动物等自然形态；在装饰上突出表现曲线和有机形态。"新艺术"运动受到日本装饰风格，特别是日本江户时期的艺术与装饰风格和浮世绘的影响。

在服饰方面，爱德华风格处于矫饰风格至现代风格的过渡期，强调自然曲线，呈现"S"形外观。同时，服装设计主要是为上流社会阶层服务，具有贵族气息，服饰显得华丽、浪漫和柔情。女性普遍戴长手套，出门带阳伞，晚会时带一把精巧的折扇，这些都是一种时尚。爱德华风格成衣如图4-20所示。

图4-20　爱德华风格成衣

三、艺术与文化思潮类

艺术流派与服装艺术具有共通性，无论形式内容还是手法都可以被服装设计所借鉴。前卫的文化思潮也拓宽了服装的设计思维，例如洛丽塔风格、趣味性风格、原宿风格、朋克风格等深受年轻人喜爱。

（一）洛丽塔风格

"Lolita"（洛丽塔）一词来自西班牙语，指未成熟的女孩。很多人认为日本是洛丽塔时尚潮流的创造者，但是它的原始含义很复杂，至今还不清晰。可以肯定的是，在以"洛丽塔"名字命名这种时尚之前，其样式就已经发展得很成熟，也许是20世纪70年代后期一些著名的品牌开始销售现在认为是洛丽塔样式的服装。80年代这种时尚运动在日本开始流行，并且发展很快。到了90年代，洛丽塔时尚越发被人们认识，一些著名品牌推出的复杂样式被爱好者采纳，很快得到传播，最终到达东京，受到日本年轻人的广泛欢迎。如今洛丽塔时尚已经传遍世界各地。

洛丽塔样式以瓷娃娃的样貌为基础，在服装和风格上吸收维多利亚、爱德华时期贵族服装风格，既受到洛可可和哥特风格的影响，又受到其他方面的影响。现代洛丽塔风格包括膝盖长度的钟形裙、灯笼裤、褶边衬衫、大蝴蝶结装饰的发型、娃娃式妆饰、长到膝盖的长筒袜、阳伞；色彩包括粉色、浅灰蓝色、红色、白色和黑色。如图4-21～图4-23是洛丽塔风格成衣设计表达的具体案例。洛丽塔风格又细分为哥特洛丽塔（Gothic Lolita）、甜美洛丽塔（Sweet Lolita）、古典洛丽塔。

图4-21　哥特洛丽塔

图4-22　甜美洛丽塔　　　　图4-23　古典洛丽塔

（二）趣味性风格

趣味就是有趣的与有味道的意思，泛指能使人感到愉快，并引起人们的兴趣、喜好的一种特性。而趣味性是具有趣味属性的一种性质。趣味性在成衣设计中的应用是很有喜悦感风格的设计，一般在童装中是比较多见的一种设计手法，包括一些少男少女钟爱的品牌成衣。儿童的天性是好动、好奇、新奇感不断，更喜欢视觉效果强烈的事物。儿童的这些心理特征与人生阅历都是设计师必须要了解与研究的。图4-24的成衣款式设计就迎合了儿童的这种心理需求和儿童对于趣味性的良好感受。如果从事儿童服装设计时，不对儿童的生理与心理加以研究，就不能总结出本年龄段儿童的喜好与心理特征，那么所做的童装设计就是盲目的设计。

图4-24　趣味性童装成衣

今天"新生代"的人们，对于传统服饰款式有着自己的时代感受。他们成长的环境很有别于"50后""60后"乃至于"70后"。"新生代"对于趣味性成衣的追求是一种时代进步，也是一种新思想的体现。某服饰款式在"50后""60后"的眼里是趣味性服饰，或许在"90后""00后"的眼里就是一个常态的服饰。这个结果就是由于不同年龄段的人们在对"趣味性"界定时有了"代沟"和审美差异。所以，对于"趣味性"的理解与认同也是相对的，而成衣设计师在设计具体趣味性成衣风格时也需要懂得"趣味性"的相对性。图4-25中的趣味性风格成衣设计就体现了一种色彩形状的怪异性。

图4-25　强调色彩形状的趣味性成衣

（三）原宿风格

原宿风格是一种街头时尚文化现象，也是当今的一种叛逆服饰现象。原宿风格起初指日本原宿街头青年的一种服饰与装扮风格，是年轻一代颜色混搭比较强烈的一种时尚表达形式。其以色彩面貌很炫酷的服装和五颜六色的头发为主要特点，张扬年轻人的标新立异，传递出"新生代"的一种心理崇尚——求异求变求自我。原宿风格也是服饰流行派、炫酷颜色派，原宿风格的头发倾向于渐变色彩，视觉效果的冲击力极大是原宿风的一大特点，如图4-26所示。原宿风格强调的是色彩的混搭与配合，包括个性美瞳，女生还会涂上各种色彩的指甲油装饰指甲，或是在服饰上设计出形状奇特的小饰品。原宿风格有着其趣味性的共性特征，但是原宿风格的每个人都强调自我的唯一性，都有着自己独特的风格。

图 4-26　原宿风格成衣

当今原宿风格趣味性成衣设计与装束总是在强调色彩的混搭效果与设计组合效果。原宿是东京的一个地名（也是车站名），是著名的日本年轻人追求时尚与趣味性成衣的流行地。原宿风格与其他派系不同，像新宿风格一般是好女孩风格；涩谷风格一般指性感甜美风格的一种服饰与化妆等。

原宿风格的出现与发展有着时代的原因，更重要的原因是经济的原因催生了人们生活方式的改变，从而在生活方式变异的环境下审美观自然也就出现异化。

（四）朋克风格

进入后现代，主流文化受到了年轻反文化群体的冲击，而朋克运动就是其中影响较大的运动之一。朋克一词诞生于20世纪70年代初期的英国。当时的年轻人抛弃了嬉皮士的理想主义，人人关心自己，工业危机使得他们对未来缺乏信心，不满生活现状。这种强烈不满甚至绝望的心情使得他们愤怒地抨击社会各个方面，并且通过狂放宣泄的行为表达他们的思想。

朋克最早是对摇滚乐队的称呼，其风格的服饰特点也如出一辙——反叛，即反传统、反制度、反日渐枯燥毫无激情和意义的生活。紧随着朋克音乐而产生的朋克服饰正是在这种矛盾中尝试着各种格格不入的元素，并将朋克思想表演于现实生活中，从而表现自己彻底革命的决心。

朋克作为一种服装风格，最成功的是"朋克教母"维维恩·韦斯特伍德（Vivienne Westwood），她对时装的贡献被人们总结为：将地下和街头时尚变成大众流行风潮。通过设计，她向时装界的传统服饰挑战，冲击传统服装美学，而恰恰就是这种对传统时装和传统美的藐视和摒弃，却使这种反时尚的样式成为一种新的时尚和风格。由此，朋克风格服饰声名远扬，时至今日，魅力依旧不减。

在20世纪80～90年代，独特、反叛的朋克风格已经汇入主流时装设计中，甚至成为高级时装的设计灵感来源，主流时尚和街头风格之间相互影响，成衣设计师们把朋克服装的各种元素运用于设计之中，为成衣样式以及潮流的发展注入了新的力量。直到21世纪，朋克风格在青年亚文化中某种程度上已经成为时尚源头之一，朋克和嘻哈以及一些亚文化风格相互融合，被当代越来越多的年轻人接纳和推崇。图4-27为朋克风格成衣。

图 4-27 朋克风格成衣

四、混搭风格

混搭，即混合搭配，就是将传统上由于地理条件、文化背景、风格、质地等不同而不相组合的元素进行搭配，组成有个性特征的新组合体。混搭风格更显休闲气派，让不同风格、不同布料、不同颜色的单品搭配在一起，比如撞色，或者一件简单的条纹T恤搭配卷边裤等，已经是潮流必备元素之一。

混搭是指将不同风格、不同材质、不同价值的东西按照个人口味拼凑在一起，从而混合搭配出完全个人化的风格，是服饰风格的二次设计与综合运用。所谓"混搭"并不是"乱搭配"，而是不要"规规矩矩地穿衣"。

在进行成衣设计时，将两种或多种风格进行组合搭配便成了成衣的混搭风格设计，例如晚装混搭牛仔、男装混搭女装等。另外，将不同材质的衣服进行搭配组合也成为混搭风格，如皮装混搭薄纱（图4-28）。

图 4-28 混搭风格成衣

早在20世纪50年代，一部分大型百货商店希望为顾客提供服装搭配服务，并为此雇用了一些"有品位"的妇女。当时，这一新职业的从业者们全凭个人经验去为顾客配色、组合、混搭，以达到和谐、美观、富于魅力的效果。

现如今不少的成衣品牌皆善于运用混搭风格来提升品牌的销售业绩，例如优衣库（UNIQLO）品牌。大家仅仅知道优衣库是生产并销售价格不高但质地尚可的休闲装公司，其实它还是一家实施混搭营销的公司。优衣库的混搭营销具有特殊性，它是与顶级品牌的混搭，如优衣库经常与香奈尔混搭，刊登在时尚杂志的封面从而吸引消费者的目光、获得市场的青睐。

第三节　成衣文化设计定位

服饰与文化本来就密切相关，文化的注入又能够增强成衣品牌的竞争力。在国际国内双重竞争的严峻形势下，企业纷纷试图通过品牌文化战略打造核心竞争力。文化定位是服装品牌文化塑造的基础和重要的部分，它既明确了服装品牌的发展方向，也提高了服装品牌的品位和附加值，在品牌设计和运营过程中发挥着重要作用。品牌通过文化语言，将其真正的价值直观呈现并且传递给消费者。

一、奢侈品成衣的文化定位

奢侈品设计师针对高端消费群体提供高级定制服务，郭培以及张志峰等是国内奢侈品设计师的代表。国内奢侈品服装设计师品牌都是在20世纪20年代由设计师创立，采用高价及优雅、奢华的产品风格定位，主要针对单个的高端精英消费群体，提供高级定制服务或成衣产品。这些品牌终端店铺数量少，而且多设置在发达的省会城市地区的顶级百货商场或超大规模购物中心（SHOPPING MALL），又由于其设计风格、工艺手法等不同而使品牌各具特色。高级礼服定制更加强调个性化设计，针对具体的消费者年龄、体形、气质、穿着场合等来量身定制，采用顶级的面料和精湛的工艺制作完成，因此价格也更加昂贵。而成衣产品是针对小众的消费群体并非特定消费者，面料工艺也都趋于成衣化，价格上较高级定制要实惠很多，因此只提供尺寸修改服务。玫瑰坊和东北虎品牌是以高级礼服定制为主，而夏姿陈只销售成衣产品。

目前国内奢侈品服装设计师品牌非常重视文化在品牌发展中的作用，从产品设计、传播手段都可以看到中国元素，中国传统文化成为品牌文化之源。设计师品牌玫瑰坊和东北虎都是依托中国民族文化来进行文化定位的。郭培的玫瑰坊立足民族文化，将传统的京绣、青花等中国元素在其设计中完美呈现，再融入时尚元素，打造出具有中国文化内涵的国际化高级成衣品牌。东北虎品牌创始人张志峰先生作为中国服饰文化的守护者和传承者，始终秉承"贯通古今，融汇中西"的设计理念，致力于复兴中国奢侈品文明与新兴中国奢侈品品牌，成功地将品牌文化传递出去，如图4-29所示。

图 4-29　东北虎品牌成衣

二、大众成衣的文化定位

大众成衣属于大众服饰，大众服饰是满足广大民众的服饰。大众成衣注重的是多样化、时尚化、品牌化三者的合而为一。

大众成衣的品牌终端店铺数量多，在各城市地区的百货商场或超大规模购物中心均有销售。大众成衣一般具有批量生产的特征，通过图像化、个性化法则营造出满足人们心理需要的服饰。大众成衣相对于奢侈品成衣在批量生产的环节中更节约成本，因此价格也更加低廉。2018我国十大大众服饰品牌是：美特斯邦威、森马、真维斯、唐狮、班尼路、佐丹奴、马克华菲、东方骆驼、堡狮龙、优捷思。

目前我国大众成衣设计师品牌主要分布于经济相对发达的地区，如北京、上海、广州、深圳、杭州等地。这些大众成衣设计师品牌具有强烈的设计师风格，强调个性化、原创性和小众化，并且设计师的个人魅力、以设计师意志为中心的个性化元素以及定制服务等都成为设计师品牌的竞争优势。国内大众成衣设计师品牌普遍针对都市25～40岁左右的受过良好教育并具有一定购买力的消费群体，同时更加强调对一种特殊的生活方式的认同，也更加注重品牌的文化内涵；设计多具有独立的风格而不随潮流而动，强调关注服装在穿着者身上的状态。

大众成衣的文化定位主要包括以下几种类型。一是以民族精神为来源的传统文化。例外品牌的"真实、含蓄"，梁子·天意品牌的"天人合一"等充分展示了儒家思想，如图4-30所示。设计上也充分体现了"以人为本"的精神，例外的很多披挂式的设计，平铺时更像一块面料，真正穿着时才会发现其中的玄机与奥妙，突显穿着者本身的气质与自信。二是多元流行文化。卡宾（Cabbeen）一直坚持颠覆流行的设计理念，结合当代流行文化不断推陈出新，塑造出时尚新贵的低调与奢华，如图4-31所示。马克华菲和吉芬品牌都是将意大利主流文化作为品牌精神，马克华菲倾心意式穿衣文化，如图4-32所示，吉芬更是源自意大利著名的纺织世家吉

尼亚家族，如图4-33所示。三是低碳文化。自20世纪80年代后半期以来环保之风盛行，很多
服装品牌在设计中从色彩、面料等方面展示低碳环保理念：例外惯用白、米白、咖啡、冷灰等
大地色系；江南布衣也与美国棉花协会共同举办"自然创造未来"的品牌活动；左岸在整个品
牌推广中，通过赞助和参与哥本哈根气候大会，举办绿色环保主题等主题活动使品牌的绿色环
保文化深入人心。

图4-30　例外品牌成衣　　　　　　　　　　　　　图4-31　卡宾品牌成衣

图4-32　马克华菲品牌成衣　　　　　　　　　　　图4-33　吉芬品牌成衣

第五章
成衣品牌分析

　　成衣品牌既是成衣企业或产品的标记或符号，也是企业综合素质或产品综合品质的体现，因而成衣品牌分析是一个复合概念。

　　关于品牌的构成，从不同角度看有不同的说法。但有一点是共同的，那就是从品牌所包括的要素出发。学术界对品牌的构成有多种论述和阐述方法，本章主要以"品牌二要素说"为出发点进行成衣品牌分析。成衣"品牌二要素说"体现为外显要素和内在要素：外显要素包括品牌名称、品牌标志、品牌吉祥物、品牌包装等让人一目了然的品牌要素；内在要素主要包括品牌承诺、品牌个性、品牌质量、品牌体验、品牌文化等，这些要素是通过消费者在与品牌接触过程中感受和体验到的。

第一节　阿玛尼品牌分析

一、品牌简介

　　创始人：乔治·阿玛尼（Giorgio Armani）。

　　创始时间：1975年。

　　注册地：意大利米兰。

　　品牌标志：由一只在往右看的雄鹰变形而成（图5-1）。

图 5-1　阿玛尼品牌商标

　　产品类别：男装、女装、运动装、体育用品、牛仔装、皮饰品、配件、香水、家居饰品。

　　风格：中性、节制、优雅 。

　　品牌设计的黄金三原则：一是去掉任何不必要的东西；二是注重舒适；三是最华丽的东西实际上是最简单的。

　　官方网站：https://www.armani.com/wy/armanicom。

创始背景：时装史经过反叛动荡的20世纪60年代，到70年代依然充满对反叛和激进的探索，"反时装"观念盛行，后现代主义、折中主义泛滥。在这种喧闹中，还是出现了一点不同的探索，比如中产阶级的"回归自然"、为成功而穿的职业装以及极简主义走向。到了80年代，则出现了多元化的时装潮流，在很大程度上，时装回归到传统和正规，讲究个人事业成功和物质主义，少了反叛和挑衅，时髦的形式是以"雅皮"显示个人品质和品位。在这样的背景下，中性、节制、优雅的阿玛尼服装脱颖而出(图5-2)。

图5-2　阿玛尼成衣

二、品牌故事

1935年乔治·阿玛尼生于意大利，从小受好莱坞战争影片的影响，曾梦想成为一名医生。在米兰的一所医学院读二年级时，因兵役暂时休学。1957年退役后没有再继续学业，而是进入丽娜桑德百货公司工作。他先是负责布置橱窗，由于经手的橱窗过于前卫因而被调到销售部担任采购。在这里，从面料使用、采购、工艺、服装板型、色彩、顾客调查到市场营销，阿玛尼积累了丰富的经验。1964年，他进入塞洛蒂男装公司，担任设计师。在那里，他学会在严格细致的工作中创造激情，以科学合理的设计展现魅力，运用朴素简洁的材料表达精巧柔美的气质，并将这种设计理念融入以后的创作中。

1970年，阿玛尼放弃了稳定的高薪职位，与加莱奥蒂合办工作室，开始了独立的设计生涯。1974年第一次举行男装发布会，作品设计理念来自于经验的积累以及美国式的变装和运动装。西装上衣是其招牌，剪裁秀丽，潇洒易穿。作品一推出就深受时装买手和传媒的关注。

1975年阿玛尼成立以自己名字命名的公司。同年把设计重点从男装转移到女装并推出女装发布会。值得一提的是，其妹妹罗萨娜·阿玛尼（Rosanna Armani）是意大利顶级模特，她运用自己的影响力，令乔治·阿玛尼备受欢迎。

1981年Emporio Armani（安普里奥·阿玛尼）成衣品牌正式成立，于米兰开设阿玛尼专卖店。"Emporio"是意大利文，意思是"百货公司"。顾名思义，Emporio Armani就是一间阿玛尼百货公司，货品林林总总，有男装、女装、鞋履、香水、眼镜、饰物等，如图5-3所示。风格走年轻路线，为爱阿玛尼但不喜欢扮成熟的主线年轻人提供了一个不俗的选择，一间他们喜爱的百货公司。Emporio Armani于20世纪80年代大受欢迎，分店开了一间接一间，由米兰开到美洲、亚洲。近年更于世界各地12座不同城市诸如巴黎、大阪等开设Emporio Armani Cafe，将音乐、美食、室内设计美学等概念融会在一起，为寻常百姓展示了一代意大利名师的休闲生活哲学。

图5-3　阿玛尼品牌饰品展陈

阿玛尼在服装领域取得巨大成功之后，把高级定制的概念应用到原本属于快速消费品的美容领域，使得每件美容单品都成为了隽永的艺术品。作为一个在护肤、彩妆、香水领域都高居金字塔顶端的专业美容品牌，自创立以来，在非常短的时间内，就凭借其低调奢华与超越时光的优雅，获得世界巨星以及全球专业彩妆师的热烈拥戴，成为贵族名流与时尚人士的挚爱。如今，阿玛尼品牌的足迹已经遍布全球100多个国家。其产品逐渐趋于多元化，由服装扩大到香水、皮包、珠宝首饰、眼镜等多个范畴，甚至还跻身主流酒吧和酒店业等。

三、产品风格定位与产品类别

阿玛尼品牌紧紧抓住国际潮流，以创造富有审美情趣的男装、女装，同时以使用新型面料及优良制作而闻名。不同于大多数长期经营的时装设计师，追溯阿玛尼数十年来的经营历史，很少有可笑的或非常过时的设计。阿玛尼品牌能够在市场需求和优雅时尚之间创造一种近乎完美、令人惊叹的平衡。

就设计风格而言，阿玛尼品牌既不潮流亦非传统，而是二者之间很好的结合，其服装似乎很少与"时髦"两字有关。事实上，在每个季节，阿玛尼品牌都有一些适当的可理解的修改，全然不顾那些足以影响一个设计师设计风格的时尚变化，因为设计师乔治·阿玛尼相信服装的质量更甚于款式更新。他的系列品牌都定位在柔和、非结构性款式。

目前阿玛尼品牌旗下主打五个成衣品牌：Giorgio Armani、Armani Collezioni、Emporio Armani、Armani Jeans、Armani Junior。其中，Giorgio Armani是专门针对上层社会的高端品牌，是阿玛尼正装中最贵的一个系列；Armani Collezioni是专为高端白领推出的成衣系列，价格比Giorgio Armani 低25％左右；Emporio Armani，Armani Jeans和Armani Junior则是面向大众的成衣品牌。除此之外，还有与风格一脉相承的高端家居系列Armani Casa、特许外包零售的品牌A/X Armani Exchange以及如咖啡店、花店、酒店、艺术中心等的其他系列。

阿玛尼西装是阿玛尼品牌的招牌产品，不少男人以拥有一套阿玛尼西装为荣。Emporio Armani西装不改乔治·阿玛尼的设计神韵，笔挺剪裁、上乘布料，配合累积数百年经验的意大利裁制技巧，以黑灰等深沉颜色来表现意大利俊男的优雅形象。但Emporio Armani更休闲，材料变化多端，时而加入皮毛，时而用上丝绒，这样就少了一份严肃的感觉而多了几分轻松雅致，如图5-4所示。

图5-4　阿玛尼男式系列成衣

Armani Jeans是以牛仔服为主打产品的副线品牌，针对的消费群体主要是年轻时尚的潮流一族，其设计风格在继承Giorgio Armani简约高贵的同时，彰显一种大气的潇洒休闲风，务求在繁杂的都市生活中寻求自我和个性独立，如图5-5所示。

图 5-5 Armani Jeans 系列成衣

Armani Junior是专为儿童提供有如童年生活一样丰富多彩的服饰系列，其设计结合了时尚感性、舒适、温暖和休闲等元素。Armani Junior针对的是0～16岁的男孩和女孩，其产品线包括衬衫、运动衫、牛仔裤和斜纹棉布裤，以及更为时尚的单品（如夹克、外衣和裙子），且这些产品大多采用亲近自然的面料制成，如图5-6所示。

图 5-6 Armani Junior 系列成衣

第二节 例外品牌分析

一、品牌简介

创始人：毛继鸿、马可。

创始时间：1996年。

注册地：中国广州。

设计师：马可。

设计理念：东方哲学式的当代生活美学。

设计风格：简洁含蓄、舒适实用，兼具文化艺术特质及时尚品位。

品牌标识：反转体英文"EXCEPTION de MIXMIND"。

品牌地位：中国原创设计师品牌中现存时间最长、发展最好的品牌之一。

所属公司：广州市例外服饰有限公司。

品牌官网：http://www.mixmind.com/pc/index.html。

二、品牌分析

1. 设计理念

"例外"更多地与哲学有关——它不是时尚、潮流以女性功能为衡量的衣服，给人的不是视觉的感受，而是内心的感受。它崇尚"本源、自由、纯净"，尊重生命的存在，主张对真实人性的释放，发掘衣服背后人的精神风貌。设计师马可认为：女人没有缺点只有特点，衣服是表达个人意识与品位素养的媒介。她通过最简约的裁剪，创造出最舒适实用的服装，并传达最丰富的生活态度。"例外"凭借其与众不同的美学追求和独特的设计理念，成功地打造了东方哲学式的当代服装艺术风格（图5-7）。

图5-7 例外品牌东方哲学式风格成衣

2. 品牌客户定位

"例外"的品牌定位其实比较明确具体，具有针对性。产品因其设计理念及所用面料而定位于休闲服装。

"例外"的目标顾客是具有一定人文艺术修养及生活经验积累，追求时尚解放及个性独立，年龄在25～35岁之间的高端顾客女性群体。她们有着一定的消费实力和自信的气质，热爱生活并懂得享受生活，内心自由且智慧聪颖，着装简洁但不简单、个性而非随意、知性又不失趣味。

3. 品牌设计风格

例外品牌将传统东方文化与现代设计创新相结合，并呈现出简洁含蓄、舒适实用，兼具文化艺术特质及时尚品味的设计风格。

"例外"的服装造型通常以"H"形和梯形为主，没有明显的收腰设计，但通过加入腰带的穿着方式使得造型也会呈现出"A"形。其服装的裁剪比例追求唯美的视觉效果，轮廓大气，线条简洁、流畅，注重对传统手法的运用，采用平面式的裁剪方法来体现服装的整体性和简洁性，人体与服装之间通过一定的空隙体现出空气感和流动感，以此展现出起伏飘逸的动感。"例外"注重穿着状态对服装二维空间效果的再创造，从而丰富了服装的视觉效果，展现出一种有力度的女性美。

"例外"的服装面料始终以棉、麻为主，面料本身的天然性所呈现出来的肌理感和舒适感在感官上就给人们一种平和、稳定和回归自然的心理共鸣，正好顺应了当代人所力图弥合的一种素朴的天与人的和谐关系，如图5-8所示。当然，"例外"也会辅以其他材质，以此来丰富产品的整体效果色彩。

"例外"传承了传统的中国文化，在色彩上多采用中性的颜色，如白色、灰色、咖啡色、赭石色、熟褐色、藏青色等。除了不同层次的白色外，它们的共同特点是低纯度、低明度、偏暖色系，偶尔辅以亮色点缀来丰富服装的层次感。色彩的"素"使得"例外"多了一份纯净，少了一份艳俗（图5-9）。

图5-8 例外品牌棉麻女衬衫

图5-9 "例外"品牌女装

三、全新卖场形象

"例外"发展到现在，已意识到其传统单一化的销售店模式已经无法表达其独特的品牌文化及内涵，于是开始创立其多元化的卖场模式。在如今的卖场模式中，其主要以"双面例外"、生态店、方所三种形式存在。虽然是三种不同的卖场形象，但其表达的都是例外品牌对于人文关怀、环保理念的注重。

双面店作为一种复合式的概念店，当普通销售店无法完全表达"例外"用朴实的爱来体现对生命、个体的尊重和人文关怀的时候，2007年4月，例外品牌中国第一家双面店在昆明开张，代表内在的精神与气质的有机结合，开始经营一种"例外式"精神生活方式。

　　"双面例外"在中国首创了结合服装与图书零售的销售模式，是一个将服装店和书店结合的概念空间，除了会销售衣服，还会售卖一些文化或艺术物品。人们在双面店除了可以购买衣服和书籍这两种物品以外，店铺还会提供一个供客人休憩、休闲和阅读的角落，让客人在这样一个特定的空间中充分感受独特的"例外式"氛围，如图5-10所示。

图 5-10 "双面例外"展陈设计

　　生态店作为中国现代艺术创意展现、交流和传播的平台，为了贴合"例外"一贯的环保主张，品牌内涵进一步丰富，2008年第三代店型——生态店开始出现并投入运营。"例外"生态店不仅有服饰、手工艺品、童趣物品、家居生活用品，还有音像产品、书籍及咖啡饮品服务，在这样一个开放式的空间里，邀请顾客一起参与体验、创作，一起挖掘生活的无限可能性，体验不同的生活乐趣。与此同时，也传达了一种环保的理念，提醒人们注意环保，不铺张、不浪费，珍惜和保护身边大自然的馈赠。

　　"方所"是集服饰时尚、美学生活、展览空间、咖啡和书店等混业经营为一体的实体店铺，由原创设计师品牌"例外"和中国台湾行人文化实验室联合打造的文化场所，占地共1800m^2，于2011年11月在广州市太古汇商场正式开业（图5-11）。

图 5-11 "方所"店铺设计

四、品牌的名人效应

名人作为当今社会关注度高、影响力大的群体，对于服装品牌的推广很有益处。"例外"从一个小众品牌成功走进大众视野，万众瞩目，其离不开名人效应。

2011年，"例外"这个小众设计师品牌借助体育名人李娜开始为大众所熟知，并得到媒体的广泛报道。2013年，中国国家主席习近平偕夫人彭丽媛对俄罗斯进行国事访问。国内外各大媒体除了关注习近平的各项行程及不同场合的演讲外，作为主席夫人的彭丽媛也备受关注，其所穿的服装就是例外品牌所特制的，深蓝色双排扣风衣搭配蓝色的丝巾，造型魅力十足。

第三节 渔品牌品牌分析

一、品牌简介

创始时间：1997年。

注册地：中国深圳。

英文名：FISHING。

设计理念：东方时尚新的表达方式。

设计风格：以图案为主导的新式中国风。

品牌标识：篆体字标识"渔"（图5-12）。

品牌地位：中国知名原创设计女装品牌。

所属公司：深圳市衣典服饰设计有限公司。

品牌官网：http://www.cn-fish.com/。

图 5-12 渔品牌商标

二、品牌分析

1. 品牌标识和诠释

美丽、悠游自在是鱼的特点，"鱼"隐喻"年年有余"，用"鱼"来诠释服装，充分体现了服装品牌的文化与内涵。东方文化与西方元素的融汇，在鱼水中交集荟萃，商家与代理商的关系在鱼水中交融，渔品牌应运而生，篆体字标识"渔"的运用，使品牌标识既是文字，又是图案。

2. 品牌理念

渔品牌最初源于纯粹的中式情结，秉承"寻找东方文化新的表达方式"这一理念，凭借对中国文化的喜爱和敏锐度，兼收来自世界各地的文化精髓，用一种新式的中国风格打破中西方的界限。渔品牌关注细节、基本要素以及创意的源头，体现浓郁的东方色彩与时尚的西方元素之间的交集荟萃，透过时尚与经典结合的花式图样来诠释服饰内涵，致力于打造极具收藏价值的、无法复制的、具有东方美学的原创品牌。

3. 产品定位

"渔"产品定位为现代知识女性而设计的时尚休闲女装。

4. 客户群定位

面向25～40岁的知识女性。

5. 价格定位

采用物超所值的品牌价格政策,品质上以高档定位,价格上采用中高档定价策略。

6. 面料及其工艺

产品以天然纤维面料为主,辅以合成纤维面料。强调品质,注重缝制工艺以及绣花等工艺的严格把控。

三、品牌设计风格主题与灵感变化历程

1997年创立之初,渔品牌的设计主体元素以蓝印文化为开端,蓝和白是当时的代表色。之后的每一季新风格发布,都以东方传统文化为方向,以黑、红、白为代表色。

从2003年开始,渔品牌已经在众多智慧女性的心里树立了品牌地位,也更融入她们的生活。她们热爱美,热爱自然,也热爱旅行。她们不止在中国的山水间去寻找自我,也会在不同文明中去探寻本真。她们会去巴黎购物,也会去印度喝茶;她们会在南美的雨林中欣赏风景,也会在夏威夷的海滩晒太阳浴。

渔品牌也在随着她们的生活半径的扩展而丰富自己的风格,以"共同体验东方文化"为大方向,每年都推出新的风格与主题,经历了"时尚的诱惑""五彩缤纷的日子""阳光下的蝴蝶""刀马旦""非洲鼓""丝路之旅""游园惊梦"等设计系列,设计思路更广,如图5-13所示。

图5-13 渔品牌"刀马旦"系列女装

渔品牌2014年春夏新风格定位为"凤栖梧"系列，其灵感来自东方文明古国尼泊尔，而尼泊尔正是已经对巴黎和伦敦的喧嚣感到微微厌烦的知性女人们的新的心灵栖息地。

设计师在尼泊尔古老的民族文化中，细心探索古朴与典雅的融合，系列设计展现出绚丽多彩的繁华世界，神秘的古老皇宫符号、原始部落图像和护身符图案的组合，为富有东方韵致的绣花注入了浓郁的异域情调，如图5-14所示。似浓似淡的半抽象色块印花，散发出天籁梵音般的艺术气息，配合层叠网纱、拼接蕾丝、新式立体花型等装饰效果，为渔品牌注入了一种华丽格调。

图 5-14　渔品牌"凤栖梧"系列女装

花是渔品牌设计中永恒的元素，如图5-15所示。渔品牌2015年春夏"莫奈花园"系列回归自然，从自然艺术中攫取灵感来源，让印象派大师莫奈的花园艺术与侗族手工艺元素相互交织，在如诗歌般的织物里打造出充满朦胧艺术气息的春季花园。

图 5-15　渔品牌"莫奈花园"系列女装

　　渔品牌2016年春夏"黄金年代"系列以20世纪20年代为缩影，用利落的剪裁、别致的新式工艺向经典致敬。用质朴纯粹的线条和摇曳身姿的廓形展现迷惑张扬的艺术图案。其宴会装系列从东方古典文化中汲取灵感，如源于唐代传入东瀛的中国漆器艺术品、平安时代盛行在东瀛之都的唐代乐舞《喜春乐》、京绣《牡丹鸳鸯图》《源氏物语》中的人鱼传说等，用现代摩登设计手法打造出新颖俏丽的匠艺华服，如图5-16所示。

图 5-16　渔品牌"黄金年代"系列女装

　　渔品牌2016年秋冬"喜福会"追求爱与温馨的归属感，怀念那温情醇厚的过往岁月中纯粹的手工线缝与情感绣迹，讲述了在不同理念反复融合的新思潮影响下，传统在继承中得到新的演绎、重生，创造出新的美感，如图5-17所示。

图 5-17　渔品牌"喜福会"系列女装

　　2017年春夏"山河水"系列与秋冬"蓝莲花"系列分别以自在的写意生活与探寻渔品牌的东方基因为题材。前者描绘清逸淡雅的中式美学，后者追求东方图腾与浓墨重彩新演绎的妩媚瑰丽的东方新奢华，如图5-18所示。

图 5-18 渔品牌"山河水"与"蓝莲花"系列女装

第四节 真维斯品牌分析

一、品牌简介

创始时间：1972年。

成立地：澳大利亚。

外文名：JEANSWEST（图5-19）。

产品定位：大众化品牌。

品牌地位：国内休闲服领导品牌。

所属公司：真维斯国际（香港）有限公司。

品牌官网：http://www.jeanswest.com.cn/。

图 5-19 真维斯品牌商标

二、品牌分析

1. 品牌历程

1972年，真维斯（JEANSWEST）在澳大利亚开设服装连锁店，专门销售休闲服装。

1990年，旭日集团与当地进口商合作收购了澳大利亚服装零售商JEANSWEST。

　　1993年，旭日集团成立了真维斯国际（香港）有限公司，开始进军中国内地零售市场，在上海开设了第一间真维斯专卖店。

　　其后经过多年不断扩充，至今已在国内20多个省市开设了2000多间专卖店，拥有中国最大的休闲服饰销售网络。时至今日，真维斯公司已稳占国内休闲服的龙头地位，成为中国休闲装行业名副其实的"大鳄"。

2. 品牌理念

　　真维斯一直以来倡导真诚、乐观的生活态度，给年轻人传播时尚、青春的品牌信息。

3. 市场策略

　　"名牌的大众化"，追求"物超所值"——高价值物品、低价钱销售、高素质服务。

4. 产品种类

　　产品种类包括男女装休闲服、T恤、牛仔裤等。

5. 产品风格

　　整体风格基调定位为大众潮流休闲风，如图5-20所示。

图5-20　真维斯品牌休闲风格成衣

6. 设计理念

　　从引导流行转移到紧跟流行。真维斯品牌紧盯世界服装潮流的变化，总部每月均有商品开发人员远赴欧美日等地区，收集最新的潮流资讯，再结合内地各市场汇集的调查报告，根据市场及客户的需求，设计出适销对路的货品。在符合潮流的基础上开发更多的功能细部，提高产品的附加价值，使顾客真正拥有物超所值的服装。

三、营销宣传模式

1. 采取线下线上相融合的营销模式

线下：以直营为主，只在某些边远地方采取特许经营，而且特许加盟的份额在整个营销体系中只占20%。

线上：真维斯公司着力发展第三方平台，始终保持与第三方电商平台的合作关系。目前，品牌除了拥有一个品牌官方旗舰店外，还同时在天猫商城、淘宝网、京东商城、1号店及当当网等第三方电商平台上共开设了八家网店。

随着网络购物销售量的爆发式增长，完整的物流系统成为了真维斯品牌满足消费者网购的保障。真维斯公司通过资源整合自建了ERP（企业资源计划）系统，系统从库存维护，商品自动上、下架及第三方平台下载订单开始，到订单自动分货，货仓按系统提示捡货，发货后物流信息反馈，整个网络销售系统完整、快速，并与集团总部ERP系统实现对接，实现数据共享。

2. 通过组织一系列活动来影响更多年轻、时尚的消费者

比如真维斯公司连续举办"真维斯杯校园服装设计大赛""中国真维斯杯休闲装设计大赛""真维斯全国极限运动大师赛""真维斯中国模特大赛"以及"真维斯超级新秀"等一系列大型营销活动，来影响年轻消费人群。

3. 利用网络开展真维斯"休闲王国"营销、音乐营销

真维斯"休闲王国"是一个大型消费者互动网络社区。在这个社区中，喜爱真维斯的消费者可以了解品牌的市场动态，参与一些饶有兴趣的互动活动和回馈客户的抽奖活动。真维斯"休闲王国"为品牌与最忠实的消费者之间建立了更活跃的沟通渠道。"休闲王国"的网络合作伙伴，真维斯选择了最受年轻人喜爱的门户网站网易，分别在网易体育频道、论坛首页、娱乐频道这些年轻用户集中、用户活跃度高的频道设置了"休闲王国"的入口。

真维斯公司冠名土豆网《土豆最音乐》，启动其2013年网络营销战略。真维斯将线下店铺与土豆网线上资源进行整合，以音乐为载体，实现品牌与消费者的情感沟通。

4. 借助电影、微电影、微信创意营销策略

真维斯公司赞助电影《小时代3.0》，并出现在电影中，收获了一大批粉丝。此外，配合电影展开微博互动，关注度极高。

真维斯公司出品微电影《我在记忆里等你》，2012年11月23日上映，由牛超执导，杨子

珊、郑凯、于小伟等主演。该片主要讲述了女主角唤醒失忆男友的感人爱情故事。借助其火爆热播，真维斯品牌知名度、影响力得到进一步提升，品牌冬季主推的星级羽绒也随之进入更多人的视线，获得很好的宣传效果。

真维斯公司在微信平台上开展"好玩互动T"活动。这是品牌2014年夏季推出的重点系列产品。真维斯突破传统服装营销模式，在国内率先将增强现实技术（Augmented Reality Technique，简称AR）运用到T恤上。消费者只要成功下载安装"好玩互动T"应用程序，扫描T恤上的印花图案，即可体验真维斯精心打造的3D奇幻效果，并且利用参与者朋友圈、微博转发，增进了真维斯的品牌传播力度，同时也促进了服装的销量。真维斯品牌创意营销策略如图5-21所示。

图5-21　真维斯品牌创意营销策略

第五节　海澜之家品牌分析

一、品牌简介

创始时间：2002年。

注册地：江苏省江阴市。

英文简称：HLA。

品牌经营理念：以海阔天空之博大，创波澜壮美之事业。

品牌口号：男人的衣柜（图5-22）。

品牌地位：连续三次获得中国服装大奖"最佳休闲男装品牌"奖。

所属机构：海澜集团下的海澜之家服饰有限公司。

图 5-22　海澜之家商标

二、品牌分析

1. 品牌战略分析

品牌是商业模式创新的核心载体。海澜之家实施"平价品牌"战略定位，注重科技创新，强化产品研发，引领男装时尚，使海澜之家品牌的知名度和美誉度与日俱增，2009年成为"中国驰名商标"品牌。

2. 品牌理念

品牌以"男人的衣柜"为理念。

3. 市场定位

围绕男装这个细分市场，定位为"高质平价"——高端品质、大众价位，聚焦于80%的客户。

4. 目标客户群定位

主要为20~50岁的男士提供高性价比、全系列服饰产品，如图5-23所示。

图 5-23　海澜之家品牌男装

5. 产品风格定位

风格定位为休闲、正式。

6. 产品种类

产品种类包括T恤、衬衫、休闲裤、西服、领带、风衣等。

7. 品牌转型之路

通过专注于物流、品牌、设计、管理，将生产环节外包，整合社会产能资源，打造产业链战略联盟，品牌实现了从传统的生产制造向服务经济、总部经济转型，走出了一条转型升级的良性发展之路。

三、品牌独特的经营管理模式

1. 海澜之家首创"无干扰、自选式"购衣模式

在至少200m²的卖场内，建立标准化自选系统，所有产品按品种、号型、规格分类出样陈列，如图5-24所示。并且设有一目了然的自选导购图，消费者可以根据自己身高、体形轻松自选购衣。海澜之家还在货架旁、试衣间里设有按铃，如果顾客需要服务，只要按动按铃，海澜之家专业的服务人员就会在最短的时间里来到他的身边，为他提供优质周到的服务。

图5-24　海澜之家品牌展陈

2. 品牌专注管理

为发展新兴服装业态，海澜之家开启"轻资产运作模式"，把研发和销售留下来，把生产和加工转出去。与此相适应，一方面精心打造利益共同体，另一方面着力提升运营效率，增强核心

竞争力。在管理机制上，推行标准化管理，实行"四化方针"，即管理制度化、操作流程化、监督跟踪化、考核数据化。在服务机制上，发挥"总部经济"优势，尽心尽职为产业链上、下游提供全流程服务。

3. 采用"品牌+连锁经营"的全新商业模式

最大限度创造和分享价值是商业模式创新的目标追求。海澜之家通过建立利益共享、风险共担机制，把供应商、加盟商和品牌方（海澜之家）打造成利益共同体，实现产业链各环节各司其职、各获其利、共同发展。

供应商：联营模式。海澜之家通过先销售后付款、滞销货品退货及二次采购相结合的模式，将供应商、品牌方的利益紧紧捆绑在一起。公司与供应商之间是"可退货的联营"关系，两个适销季后仍然滞销的产品可进行退货。这就意味着，供应商不再是简单的贴牌加工生产商，为提高动销率和利润率，供应商必须了解市场流行趋势，与品牌方无缝对接，生产适销对路的产品。当然，海澜之家也不当"甩手掌柜"，需要帮供应商提高动销率，提高专卖店的平效。支撑海澜之家与供应商之间紧密合作的背后是利益分享机制。截至目前，海澜之家已拥有300多家上游供应商。

加盟商：既连又锁。在销售环节，海澜之家采取"所有权与经营权相分离"的合作模式。加盟商承担门店的租金、装修费用、水电物业、员工薪酬等费用，拥有门店所有权，但不参与门店经营管理。海澜之家考察店面位置，评估未来收益，决定是否布点，并拥有门店经营权，实际控制销售渠道。加盟店所有门店统一形象策划、统一供货渠道、统一指导价格、统一业务模式、统一服务规范，既"连"住了形象，又"锁"住了管理。

4. 高效物流管理

全新的物流管理体系建设大大节约了人力，也使销售更可控。

（1）扁平化集中配送模式。现代物流是商业模式创新的重要支撑。海澜之家采取的是"供应商—总部—门店"的扁平化集中配送模式，投入16亿元建立自己的物流工业园，通过总部集中发货方式，提高物流效率，降低物流成本，为实施平价战略奠定坚实基础。

（2）智能化仓库实现海量存储。总部集中发货的方式决定了其必须具备海量存储能力，而这靠传统的平地堆放型仓库是无法实现的。2013年，海澜之家启用了投资5亿元建造的智能高架立体仓储系统，占地10万平方米，建筑面积约30万平方米，由两个立体仓库、三个发货大厅、一个配送中心组成，是目前国内面积最大、设备技术最先进的自动化服装物流园。

（3）SAP信息化管理保障快速流转。海澜之家采用了业内最先进的SAP（思爱普）信息管理系统，高位库中任何一件货品，从查询、定位、出库到进入物流程序，只需30s，而且是"零差错"，实现了从"人找货"到"货找人"的转变。每件货品都拥有唯一的条形码，装有传感设备的物流系统可以自动识别。借助条形码，公司可以准确掌握仓储、配送、销售等各个环节，轻松查到每件货品的具体位置，实现全流程跟踪，有利于总部对全国市场全盘掌控，及时反应。

5. 品牌营销方式

为打造品牌形象，海澜之家先后聘请合乎品牌内涵、充满青春活力的影视新星、超人气偶像等出任形象代言人，制作广告宣传片，投巨资在央视新闻联播、天气预报、晚间新闻、对话等黄金档节目中播出，"海澜之家，男人的衣柜"这句广告词，可谓家喻户晓、深入人心。赞助《奔跑吧兄弟》是海澜之家自2014年开始的营销战略，如图5-25所示。

图 5-25 海澜之家赞助"跑男"同款成衣

第六节 金利来品牌分析

一、品牌简介

注册时间：1972年。

创始人：曾宪梓。

注册地：中国香港。

外文名：goldlion。

产品风格：休闲、商务。

品牌标语：男人的世界。

品牌地位：国际知名品牌。

所属公司：金利来集团有限公司（简称金利来集团）。

二、品牌分析

1. 消费群定位

消费群定位为25~55岁成功的、成熟的男士及社会中坚白领阶层，如图5-26所示。

2. 价格定位与品牌宗旨

价格定位为高品质，中端价位，追求品位、精致。

3. 产品种类

产品种类分为领带、男士服装、皮具等，具体如下。

图5-26　金利来品牌展陈

（1）正装系列，包括衬衫、T恤、西装、西裤、休闲裤、夹克、棉褛、毛衣及服饰(含领带、领带夹、礼盒等)。

（2）高尔夫系列及运动休闲系列，包括衬衫、T恤、休闲裤、夹克、毛衣等。

（3）家居服及内衣系列，包括男女内衣、内裤、家居服、睡衣、浴袍等。

（4）皮具系列，包括男女皮鞋、皮包、皮带等。

图5-27是金利来品牌产品。

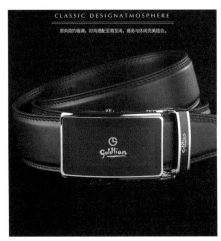

图5-27　金利来品牌产品

4. CIS战略塑造品牌形象——成功之道

（1）理念识别——"勤俭诚信"。理念识别（mind identity，简称MI）是企业经营宗旨和精神的结合体。具体表现为经营信条，全体员工高度认同的价值标准座右铭、经营策略等形式。MI是CIS（企业识别系统）战略的灵魂，体现企业的个性特征。曾宪梓先生在充分吸收和继承中华民族优秀文化和优良传统的基础上，结合自己创业的经验，把"勤俭诚信"作为金利来集团的经营理念，把中国传统的持家、经营和待人之道糅合到创业、守业和扩展企业的经营活动中，并取得了巨大的成功。

"勤"能补拙，是金利来集团创业的起点。

"俭"能守业，是降低生产、经营成本，提高产品竞争力的重要途径。

"诚"能创品质，获得消费者对企业产品的认同感、亲和感。

"信"能创口碑，留住消费者和发展潜在的消费者。

金利来集团以"勤俭诚信"作为企业的理念，统一企业经营思想和员工思想使金利来集团始终保持活力。金利来品牌已成为有品位男士的标志。金利来集团坚持真诚、尽善尽美经营，赢得顾客信赖，树立企业及其产品的良好形象。金利来（中国）有限公司曾获得多项荣誉，如"中国名牌产品""香港经典品牌""畅销品牌""全国质量放心用户满意十佳诚信企业"等，曾被美国《财富》（Fortune Magazine）杂志评定为"中国整体最受赞赏的公司"和"最能表现出良好社会品德的公司"。

（2）行为识别——文化经商、形象经商、情感经商。行为识别（Behavior identity，简称BD）指在企业经营过程中，对企业行为、员工行为实行规范化和标准化的统一管理。金利来集团是一个家族企业，但它能紧跟时代潮流，采用国际化的现代管理模式，设立健全的组织框架，在高级商场、酒店设置专柜或专卖店，聘请优秀管理人才和设计人员加强员工培训，提高业务技能，晋升提拔人才，使员工全心全意地为企业效力。

进入21世纪，金利来集团调整经营策略，把企业从单纯的经济实体向"经济文化型"实体发展，实施"文化经商、形象经商、情感经商"。

在"文化经商"方面：不仅把男人追求的尊贵、高尚、浪漫元素体现在产品中，还把集团创始人曾宪梓先生的民族自尊自强与爱国激情融合到产品中去，使消费者在享受高贵品牌时显示崇高情操。

在"形象经商"方面：不仅让消费者购买金利来产品产生自豪感、高贵感、享受感，还把这些感觉根植到金利来品牌形象。金利来品牌的广告词"一个处事果断的男人，一个富于冒险精神的男人，一个以事业为第一生命的男人，一个有艺术气质的男人；金利来，男人的世界"为金利来品牌塑造了一个完美形象，让每个男人都能成为仪表出众的人、独具魅力的人。

在"情感经商"方面：金利来品牌注重与顾客建立长期稳定的联系。在销售服务过程中，坚持以诚待人，以信取人，以微笑服务，用涵养的语言同顾客交流，为顾客着想等行为准则，树立文明经商形象。金利来集团还积极参加慈善活动和公益事业。多年来，曾宪梓先生向祖国体育事业、教育事业、残疾人事业、社会公益活动等共捐资6亿多元人民币，赢得国人的敬佩。

（3）视觉识别——体现在商标设计、商品包装和专卖店专柜设计上。视觉识别（visual identity，简称Ⅵ）是将企业的理念识别和行为规范转换成系统化和统一的视觉符号,传递组织形象。它是CIS中最具传播力与感染力的要素。Ⅵ是CIS战略的静态表现形式。它所涉及的内容最多、接触的层面最广,包括企业名称、企业标志、企业标准字、企业标准色、事务用品、员工制服设计、企业建筑设计等,能全方位、具体化和象征性地体现企业的精神与行为。

金利来品牌的英文名称"goldlion"中"gold"（黄金）代表财富, "lion"（狮子）代表霸主地位。但是,粤语"金狮"和"今输"谐音,为免有的顾客认为犯忌,lion取谐音"利来",中文名称取意译和音译结合为"金利来",喻义财富和身份地位兼备的成功男人。品牌名称符合中国人创造财富和渴望成功的美好愿望。

用毛笔书写英文名称"goldlion"和中文名称"金利来",无论是中国人还是外国人都能看懂,把中西文化巧妙结合,同时还表达出这是中国人创立的国际品牌。由英文字母G和L构成时钟表面图案,设计简单,容易记住,美观大方,既不张扬,又彰显自信,充分体现金利来品牌的高贵品质,如图5-28所示。用红、白两色设计商标,色彩鲜明,商标设计独特,蕴含丰富内容,具备成功品牌标志的特点。专卖店、专柜设计和商品包装统一使用红、黑、白三色,品位庄重、高贵、精美。

图 5-28　金利来品牌商标

金利来集团总部与各分部办事机构一致的建筑物外形、相同的门面装潢和旗帜等,为金利来营造了独特的环境风格,有效地传递了金利来品牌的形象。此外,金利来集团还设计了一整套优美浪漫的广告音乐和广告词,让人一听就能记住它的旋律,一听就知道是"金利来"的"特殊声音"。比如"金利来"风行一时的领带广告词: "斜纹——代表勇敢坚强;碎花——代表体贴温馨;圆点——代表爱慕关怀;方格——代表热情慷慨;丝绒——代表温暖保护"。金利来品牌成为美好的、温馨的、令人追求和羡慕的品牌。

第六章
成衣设计展示点评

成衣设计的展示点评是指对成衣设计环节中的效果图设计以及成衣生产环节之后的展示方式进行主、客观的评价分析，这种展示点评因人而异。本章主要从效果图点评、动态展示点评、橱窗展示点评这三方面，以图文结合的形式进行简要的评价分析。

第一节　成衣设计效果图点评

从事服装设计工作必须熟练地掌握服装画的画法，因为服装画是表现服装设计意念的必需手段。今天，服装画越来越为人们所重视，它的功能不断扩大，形式也不断增多，最初主要是作为服装的设计效果图，后来又在服装广告、宣传和插图等方面大显身手，从一种制作图发展为一种艺术形式。服装画应该比服装本身、比着装模特更具典型，更能反映服装的风格、魅力与特征，因此更加充满生命力。好的服装画能把服装美的精髓、美的灵魂表现出来。当今国外服装画艺术大师的作品风格多样、形式新颖、艺术水平高，具有独特的欣赏价值。服装设计师画图时，表现的方法并不固定，有的画得很精致，或像真人一样，有的画得很简单，必须要配合其使用目的与使用场合来决定如何作画，虽然画法可以自由，但仍要以传达衣服款式为目的，所以要受到某种程度的约束。

本节分为手绘成衣效果图和电脑绘制成衣效果图两大部分，其中分别以实例对该类设计进行分析。

一、手绘成衣效果图

图6-1中作者采用钢笔速写与水彩结合的形式表现成衣效果图，用笔自由奔放，很好地展现了人物的神态和衣服的纹理图案。图案色彩的混合处理表现出了水纹的流动性，很是巧妙，形成了自己独特的风格。

图6-1　手绘成衣效果图（一，李正绘）

图6-2中作品采用了卡纸剪切画形式，是手绘效果图常用的一种表现形式。黑色卡纸自身的颜色属性决定了手绘笔的着色效果。因而白卡上的成衣效果图对比鲜明。黄色与灰色马克笔利落的笔触很好地表现了衣服的层次感，稍微欠缺的是第二款衣服着色略显凌乱，但整体效果营造得不错。

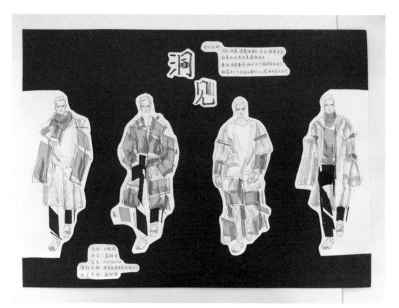

图 6-2　手绘成衣效果图（二，袁明月绘）

图6-3中作者以条纹为元素表达夏日度假的主题。人物姿态动中有序，衣服整体色调以蓝色为主，红色为辅，红色多被用于飘带和其他服饰品上。整体风格清新浪漫，款式多变且相互统一。

图 6-3　手绘成衣效果图（三，张柳青绘）

图6-4中作品线条干净利落，颇有未来主义风格的特点。衣纹褶皱精确自然，灰调的运用使得服装拥有类似皮革质感的效果。

图 6-4　手绘成衣效果图（四，唐甜甜绘）

二、电脑绘成衣效果图

图6-5所示的系列服装效果图是现在比较流行的一种风格，在统一的人体模特上穿着款式图样式的成衣。作者将款式图融入效果图中来表达自己的主题，线条简洁，配色经典，注重突出款式的搭配。

图 6-5　电脑绘成衣效果图（一，王冰源绘）

图6-6所示的系列电脑绘图风格不同于前者，具有手绘的特色。整体画面不注重人物表情和衣服图案的细节刻画，以整体蓝色调取胜。人物动势轻松幽默。背景的图案与整个系列的服装相呼应，给人一种舞台剧场的体验。

图 6-6　电脑绘成衣效果图（二）

电脑绘图的优点之一在于能够很好地进行服装的图案设计。图6-7所示的效果图就很好地展现了电脑绘图的优势。作者以"莽原·原野"为主题，以大自然的风景为灵感，款式选取现代流行的样式，将原野的大地景色与色彩融入每个款式细节中。这种绘图方式可以拉进实物与效果图的距离，而且能够很好地展现着装效果。

图 6-7　电脑绘成衣效果图（三，唐甜甜绘）

图6-8所示的系列服装效果图具有一种复古主义的色彩。作者以古城为灵感，注重款式图案肌理的表达，将古建筑独特的砖瓦肌理与干净素雅的色调融入其中，在时尚中注入传统的灵魂。在廓形上有一种雅致的美感，也与建筑流畅的线条巧妙呼应。整体鲜明生动。

图6-9的作者刻画了一组以鹤为灵感的现代都市知性女郎的形象，用颜色各异的面料和图案组合出多变的旗袍款式，整体风格优雅时尚。以色彩淡雅的鹤元素纹理作为底纹更好地烘托了效果图的主题。

图 6-8　电脑绘成衣效果图（四，宋柳叶绘）

图 6-9　电脑绘成衣效果图（五，赵世强绘）

　　图6-10的作者将手绘与电脑绘完美结合，精彩再现了油画般的人物服饰效果，整体风格时髦、大气、逼真，有大师的风范，此效果是单纯手绘所无法达到的。

图 6-10　电脑绘成衣效果图（六，徐倩蓝绘）

第二节　成衣设计动态展示点评

法国著名服装设计大师香奈儿曾经说过："时尚只能一时，而风格永存。"本节依据服装设计作品所借鉴的风格样式，将其归纳为民族类风格、历史类风格、艺术类风格和后现代思潮类风格四大板块，其中分别以实例对该类设计进行分析。

一、民族类风格

图6-11所示的作品衬衫领口的宫廷式花边散发出浓浓的浪漫复古风，锐利的标志性裁剪让模特显得很瘦削，灰色、象牙色与黑色的运用证明着设计师日臻完善的诗意表现技巧，最后花鸟的加入为时装平添了几许生命力，也代表了春夏的多彩和缤纷，依旧性感，充满历史气息的魅力，而作者的大胆破坏与重建让人惊异。

图6-11　亚历山大·麦昆（Alexander McQueen）高级成衣

乔治·阿玛尼一直以来都对东方美学热衷有加，自从扩张了他的"时装帝国"之后，他更是经常飞去亚洲寻找灵感来源。图6-12中的作品来源于中国传统服饰文化，风格有中国20世纪30年代旧上海的风潮在其中。其造型上采用了西式晚礼服的特征，无肩带礼服裙，线条简洁流畅。比如在第一款服装上运用了中国宫廷印花的图案装饰；第二款服饰颜色上以中国建筑的朱漆红为主色调，运用了流苏元素，细节上设计富有中国传统情趣。

图6-12　Armani Privé 高级成衣

Leonard（李奥纳德）品牌的灵感来自画笔外的世界：日本和服、中国旗袍、金链花、隆都花、建筑、绘画……设计师的印花裙始终保持着简约的款式，并不断推出新的手绘印花图案，每款图案使用多达30种颜色。图6-13所示的作品将造型感十足的蕾丝元素与丝绸面料完美结合，精致典雅的服装中散发出自由不羁的波希米亚气息，优雅步入新的世纪，强大的包容性赋予丝绸裙从容、优雅的魅力，因此他的印花裙也被赞誉为"可以穿着的真丝艺术品"。

图6-14中的作品以"山中风景"为灵感，造型上采用了中国旗袍样式，包包、鞋子与袖口设计相呼应。设计师将巴洛克的古典和中国风景油画结合起来。民族色彩与西方贵族元素的搭配赋予了服装多重的质地感，精美绝伦的刺绣华贵且极具有东方风情。

图6-13　Leonard品牌Silk Jersey高级成衣　　　　图6-14　夏姿·陈高级成衣

图6-15中的作品灵感来源于中国传统服饰，如红色色调、缎子面料改良式外套以及盘扣的运用。作品的对襟样式，对称平面结构裁剪表明了作者的创新立足点，这样增加了东方韵味。此外，作品还融入了西方元素，使得作品更具有国际化特征。这也是极简主义服装系列的直白反映。

图6-16所示作品中设计师十分精准、明确地勾画出了许多关键性的元素。他以一种巧妙的方式，将不丹那些变化纷纭的图案印在了最简单不过的外套或裤子上，或是重点突出于Just Cavalli（卡沃利）品牌的传统保留样式中，如印在衣服上的栩栩如生的彩色龙虎图腾。这些神秘的图案，第一眼看去好似有哗众取宠之嫌，实则是贯穿整个系列的主线，准确地表达出了设计师的思想。

图 6-15　路易·威登高级成衣

图 6-16　Just Cavalli 品牌高级成衣

搞怪大师加利亚诺在波希米亚风格上也不放过搞怪的机会。图6-17中服装的整个色调是黑白色，吉卜赛式的大圆裙又长又大，厚重粗犷的金属配饰同样是波希米亚的服饰语言，而精致的纹样装饰是东欧的民俗元素的典范。服装上的配饰设计是作品的亮点，集中体现了主题。

图6-18所示的作品以精致的材料、精细的工艺营造出狂野的波希米亚风情。其最大的特点在于图案的混合和材质混合营造出吉卜赛风情。胸部上透明纱面料能让人感觉到现代的性感风，同时也与服装上的图案形成了鲜明的对比，大面积的图案在黑色透明纱上显得更加有活力。包包的颜色拉开了整体色调，使得色彩层次更加明确。

图 6-17　约翰·加利亚诺高级成衣

图 6-18　芬迪（FENDI）高级成衣

二、历史类风格

图6-19中作品的灵感来源于古希腊服饰中的爱奥尼克式希顿。设计师以现代套装式样诠释古希腊风格，将单幅面料披挂转化为上下装配套套装，而保留爱奥尼克式希顿的款式特征以及褶皱外观，腰带的随意系结，是现代套装的常见样式，这也正好与古典样式特征相契合。褶皱纱料色彩采用深灰色与黑色搭配，具有稳重大气感。

图6-20所示作品采用现代简约、性感造型配以巴洛克纹样装饰，黑色套装具有现代裁剪特征，干练而富有女人味。领边和上衣下摆有较大面积的叶状图案的花呢以及狐狸皮的巴洛克纹样装饰作点缀，线条富有曲线特征和动感，具有浮华感。领边和上衣下摆的纹样相呼应。裙子长及脚踝，另外被裁剪开来的布片则在关键的接缝周围折叠起来。整体设计简洁而不失豪华装饰。

图 6-19　艾玛·库克（Emma Cook）高级成衣　　　图 6-20　艾莉·萨博（Elie Saab）高级成衣

图6-21所示作品的灵感来源于"帝政式裁剪"的高腰线设计。高腰节以红色缎带装饰，改变了身形的比例。裙身的竖条纹在视觉上拉长了身体比例。搭绘有各色白线纹的黑色棉布裙，微微烘托出年轻的张扬。富有西班牙特色的蓬蓬裙上攀爬着规整的几何植物图样，断裂剪裁和经典的黑纱衬边联结了新旧时代的时尚物语。安娜·苏的标志性红玫瑰是当仁不让的热点，圆润的玫瑰盛放在流畅条纹的花苞裙沿，海风中也许还能嗅出甜美香气。裹腿袜裤上的圆孔破洞是童心未泯的设计师的小把戏，而紧束的及膝长袜和木跟短靴的配搭则极大地美化了腿部的曲线，烘托出了年轻、性感。雪纺纱、丝绸、蕾丝等材料增加了公主般甜美的气质。比例夸大的拿破仑海员帽顽皮地斜戴在头上，善意的模仿没有造作却充满童稚，增添了俏皮感。颈项上的硕大珍珠链饰，塑造出了船头甲板驻足远眺的摩登女郎形象。

三、艺术类风格

图6-22所示作品上布满了令人眼花缭乱到极点的印花，看起来它们是由相对简单的几何图案在平面上剪贴而成的疯狂的抽象拼贴画，效果相当酷。掐腰连衣裙线条分明的轮廓被做到了极致。蜘蛛网格状的纹样攀附在贴身衣料上，就连在主流设计中不足为奇的菱形纹路，裙摆处的镶拼提花，简单的双褶裙边，都似乎变得暗藏玄机。右侧裙叉处内衬的墨绿布料翻涌着华丽浪花。特别需要圈点的是与主题丝丝入扣的眼妆，凌厉眉型和粗犷的眼线间抹满浓艳颜色，顿时就在眉目间布置下勾心摄魄的迷阵。歌剧般的浓墨重彩，异类空间的幽暗叵测，要的就是这种触目惊心和过目不忘。

图6-21　安娜·苏（ANNA SUI）高级成衣　　　图6-22　百索＆布朗蔻（Basso & Brooke）高级成衣

图6-23所示作品在设计师的手中，其标志性元素在造型中得到了自由的发挥，这些合乎品牌水准的，像万花筒般千变万化的线条图案借由布料的褶裥形成，非常吸引眼球。黄色夹杂紫色的连衣裙，伴随着模特轻快的步伐，衣服像手风琴一样不断开合，带来了活力四射的感觉。几何图案对称排列，其折角造型将视觉导向左右，在整体形态上具有一种张力，整体视觉效果在规则的几何形中富有变化的动感。下面是风格甜美的矮靴。面料上自然的褶皱结构使得衣服可以被塑造成很多有趣的形状。

缪西娅·普拉达将彩绘壁画艺术与部落文化的概念融入自己的设计之中，与此同时，在现代人对男女平等的诋毁声中大胆提倡女权主义，此种表现无不彰显激进的色彩，这在该作品中表现得淋漓尽致，如图6-24所示。彩绘壁画艺术和模特们所展现出的强势女性特征让我们联想到了洛杉矶、墨西哥和南美洲那些带有政治色彩的街头艺术。

图6-23 三宅一生（ISSEY MIYAKE）高级成衣   图6-24 普拉达高级成衣

　　MSGM是意大利保罗尼集团（Paoloni Group）在2008年新成立的一个年轻的品牌。MSGM的设计充满了现代摩登风格，简洁活泼而不失优雅，那些富有艺术感的印花、长筒皮靴等，都充满了浓重的时尚艺术的韵味，如图6-25所示。该作品中，时尚艺术的彩色字母印花套头卫衣、包臀裙搭配高筒靴，充满了优雅的街头文化韵味。

　　图6-26所示的作品外形采用流畅的自然曲线，具有18世纪末田园风情服饰特点，多种花形图案的面料组合使其充满田园风情。小雏菊提花和葛饰北斋（Hokusai）绘画风格印花的衬衣让人瞬间联想到日本，但是珠饰又把你拉回到萨丁尼亚岛，比如那些罩衫裙上有3D的立体玫瑰花装饰。多个拼接部位采用抽褶工艺，使得服装具有浮雕美。宽大的长裙挂满了长飘带，显示当代年轻人风貌的同时，也体现了无拘无束。

图6-25 MSGM 高级成衣   图6-26 高田贤三高级成衣

随着国境线不断变迁，流通过的货币变得过时，邮票和纸币成为代表过去的标志，标志着某个时代残留在纸面上的价值观，或者遗失的文化与艺术。如图6-27所示，玛丽·卡特兰佐在款式中采用了质地优良的帆布作为主要面料，邮票的锯齿形边缘沿着细长的裤管两边垂下，形成引人注目的几何线条。纸币上的螺旋图案特别采用了闪闪发光的卢勒克斯织物，为深蓝色织锦质地的长裤套装增添了奢华的感觉，极具艺术感。

四、思潮类风格

维维安·韦斯特伍德在解释设计思路时透露自己受到了朋克风格的影响，"不成熟的时代，到处都是不断摸索的个人主义者和冒险家。"如图6-28所示，该作品是典型性的

图6-27 玛丽·卡特兰佐（Mary Katrantzou）高级成衣

朋克风格。整体服装塑造了摇滚朋克的设计艺术形象，在造型上对大衣的肩部进行了夸张，色彩上采用了朋克风格一贯的黑色，加上模特凌乱的头发和黑色长靴带来一种反叛感，更贴合了主题。

英国时尚界的新锐派Agi & Sam二人组一向以新兴的极限主义风格著称。在2016年Agi & Sam秋冬系列中，设计师在其极限主义风格中加入了后现代风潮的一些想法，如图6-29所示，表达了后现代主义对工业和机械的态度从开始的对立到与之结合。硬朗的线条、无褶皱的面料、各种点缀的金属拉链、超长的袖型以及因拼接式解构产生的微妙感廓形都体现了一种仿工业革命时期的典型风格。

图6-28 维维安·韦斯特伍德（Vivienne Westwood）高级成衣

图6-29 Agi & Sam 高级成衣

　　山本耀司的时装秀中，模特的脸庞近似歌舞伎一般苍白，头发纠结在一起。她们拖动脚下战靴的方式带有葬礼的沉重感。当音乐突然转变成时髦的吉他时，迷幻闪烁的印花出现在高帮运动鞋、紧身裤和一条纸质百褶裙的腰带里面。在一个非常摇滚的瞬间，一大片那种令人眼花缭乱的印花图案从一条裙子上延伸开来，紧紧环绕住了肩膀，看起来就像牧师的法衣，如图6-30所示。

图6-30　山本耀司（Yohji Yamamoto）高级成衣

　　图6-31中作品具有后现代的设计思维方式。时装的规则被颠覆，设计师好像将一堆不同种类的面料披挂在模特身上。比例失调的袖子、不平服拼接以及杂乱的衣身；垃圾桶里翻出似的布条随意地挂在身上。作品整体呈现出折中混搭风貌，使得内外层服装两种风格相互渗透，产生新的视觉感受。

图6-31　维维安·韦斯特伍德（Vivienne Westwood）高级成衣

作品的灵感来源于内衣外穿风格。紧身连衣裙由两种不同面料拼接而成，胸部的造型呈现出两种不同的样式。特别是左边胸部的造型采用了麦当娜在"金发野心"演唱会上所穿的肉黄色改良式胸衣，胸部有圆锥形胸罩设计，强调了野性的性感。这些都体现出了设计师的巧妙构思。内衣与西服的搭配，展示出了性感和正式的结合，如图6-32所示。

图6-32　让·保罗·高缇耶（Jean Paul Gaultier）高级成衣

如图6-33所示，设计师选择了"涅盘"主唱科特·柯本（Kurt Cobain）遗孀科特妮·洛芙（Courtney Love）的造型：滑落的带有流苏的贴身内衣外罩一件棉质背心或者T恤。与此同时，各种锥形的绸缎内衣和蕾丝胸衣又为其间加入了一丝不经意的复古诱惑。在本季的系列中，我们看到了为日间穿着设计的雪纺贴身内衣，而夜晚则可选择带有黑色蕾丝、午夜提花织物材质和薄纱质地的飘逸裙装。

图6-33　Just Cavalli 高级成衣

第三节　成衣设计橱窗展示点评

　　橱窗展示艺术是现代商业环境中常用的展示方法，也是商家和设计师最为关注的工作重点。橱窗的陈列风格离不开店铺的整体风格。

　　橱窗展示有多种，有为展示自己店内品牌商品的，有为展示和宣传整体商业空间环境的。其中展示店内品牌商品的较多，这种橱窗的设计以展示品牌商品的特点、款式、风格、文化为主，利用各种展示手法来达到展示的效果。橱窗存在于整体店面空间中，并与周围和店内的自然环境进行着交流互动，既与整体风格相一致，同时又突出自身的展示特点。而为展示和宣传整体商业空间环境做的橱窗则成为人与艺术、人与商业环境、人与自然的交流互动的媒介。从橱窗展示艺术的角度上看，无论橱窗以何种陈列方式存在，其设计造型、技巧是相通的。橱窗作为一种展示艺术形式，其造型的方法与雕塑、建筑、绘画等艺术是相通的，所不同的是橱窗作为商业空间的展示形式，还具有独特的空间陈列方式。好的橱窗陈列可根据品牌宣传需要随季节、宣传推广重点而变化。

　　本节分为国外品牌橱窗展示和国内品牌橱窗展示两大部分，配以实例对该类设计作分析。

一、国外品牌橱窗展示

（一）古驰（GUCCI）

　　该展示橱窗囊括了创作总监亚力山卓·米开理（Alessandro Michele）创作世界中所有的意象性符号，充满了其设计作品所独有的美学元素——火烈鸟、蝴蝶、蜜蜂、蚂蚁与瓢虫，每一形象均与整体环境完美融合，仿若大自然怀抱中的真实生灵。全新橱窗划分出风格鲜明的三大区域。女士陈列区采用了"粉色苍鹭"印花作为背景设计，饰于墙纸、屏风与展示台面（图6-34）。男士陈列区则采用"沼中绿岛"印花作为背景与装饰（图6-35）。中性陈列区以饰有钉扣的深黄色天鹅绒软垫装饰代替墙纸，而展示台上也铺有黄色天鹅绒（图6-36）。

图6-34　粉色苍鹭橱窗

图6-35 沼中绿岛背景装饰

图6-36 中性陈列区装饰

橱窗的背景墙、侧面以及地面都将覆以生动的花卉印花墙纸。同时，数个同款花卉印花装饰的布艺椅子悬挂于背景墙上或整齐地排列于地面上，模特身边的椅子上还为服装搭配了相应的鞋子与皮包。整个橱窗陈列显得和谐统一，使得该设计理念的强烈视觉效果更加引人注目，如图6-37所示。

图6-37 "人"字形印花橱窗

如图6-38、图6-39所示，该橱窗以蓝绿紫色的LED灯为特色，创造出动态的3D透视效果，以几何线条呼应金属地板上的经典钻石纹。秋冬成衣系列陈列于旋转横栏上，简约别致，极具当代摩登风格；金属地板上蜿蜒爬行的巨蛇刺绣精致灵动，展现出超现实的视觉效果，使整个橱窗充满活力，让似真似幻的氛围更加浓烈；花毯之上，巨大的飞鸟或是蜜蜂抓着本季Dionysus酒神包，俯冲而下，栩栩如生。

韩国首尔江南的新世界百货店铺pop-up STORE的整体建筑风格与室内装饰采用含蓄内敛的设计理念，使顾客置身于轻松愉悦的环境中，宾至如归。天鹅绒扶手椅等柔和元素的应用，与坚硬表面和铆钉等工业元素带来的硬朗感相辅相成。精致而独特的材质被运用于整个店铺，极具当代奢华感。古驰全新系列呈现优雅和当代兼容并蓄的时尚风格，而全新店铺设计则完全体现了这一理念，它结合了传统与现代，并融合了工业化与浪漫主义。

图 6-38 超现实主义橱窗

图 6-39 蜜蜂酒神包

　　店铺地面中间铺陈大理石彩瓷，呈现出视觉立体感，与旁边的水泥板形成强烈反差。此类并列放置方式让对比强烈的元素产生新的结合，这种设计运用贯彻始终。陈列装置的机械感与装饰面料的柔软感形成对比，如图6-40所示，圆桌抵消了矩形桌的方正感。

图 6-40　pop-up STORE 店铺陈列

（二）普拉达（PRADA）

　　该店铺由建筑师罗伯托·巴奇奥基（Roberto Baciocchi）设计，总占地面积约为700m²，店铺分为上下两层，主要展售女士成衣、皮具、配饰和鞋履系列。

　　店铺的外立面极具视觉冲击力，大型展示橱窗和灯箱以黑色大理石为基底，嵌入外立面的底部，顶端的背光式青铜色和金属色铝材结构，无论是白天还是夜晚，都能营造出一种非同寻常的动态艺术效果，如图6-41所示。

图6-41　普拉达橱窗风格

　　店铺一楼是女士皮具及配饰系列区域（图6-42），地面铺设以该品牌标志性的黑白方格大理石地板，墙壁以淡绿色织物覆盖。配饰及小型皮具区域的墙壁上包覆着黑色大理石，抛光不锈钢陈列柜台搭配彩色皮革的抽屉，绿色天鹅绒沙发令整体陈设更完美。通往楼上的黑色大理石阶梯围绕着以绿色织物包覆的结构设置，十分典雅。鞋履系列区域铺以黑白方格地毯，并设有用以展示产品的陈列壁龛。绿色天鹅绒沙发更是提升了该区域的优雅女性氛围，如图6-43所示。

图6-42　皮具及配饰系列区域陈列风格

图6-43　鞋履系列区域陈列风格

其他空间专门展售成衣系列，如图6-44所示。墙壁完全包覆以绿色织物，精致的透明有机玻璃陈列装置、米色地毯、珍贵的水晶茶几和绿色天鹅绒沙发令整体陈设更加完善。这些空间中还包括一处专为接待尊贵的客人而设置的区域。

图6-44　成衣系列区域陈列风格

总体来看，普拉达橱窗风格的设计离不开其店铺整体的风格特色。

（三）蒂芙尼（Tiffany&Co.）

蒂芙尼充满梦幻的节日橱窗源于一年一度的纽约城市传统，吸引着全世界的购物者纷纷在节日时节慕名前往纽约第五大道第57街来一睹温馨浪漫的橱窗风采。蒂芙尼拥有为世人所熟知且象征品牌极致完美品质和超凡风格的蓝色礼盒。蒂芙尼专卖店更是人们在选取人生至臻礼品时所欣然前往的理想之地。充满梦幻魔力的节日橱窗必将令启程寻找完美节日礼物的过往路人怦然心动，倍感节日的欣喜愉悦。

由蒂芙尼创意和视觉陈列副总裁理查德·莫尔（Richard Moore）倾心创作的蒂芙尼梦幻橱窗设计富于迷人魅力、温馨动人，生动地庆祝、纪念历史悠久的美好节日传统。以"在家中与挚爱家人相聚共享美好节日和无限惊喜"这一温情满溢的设计主题向人们展示了那些家人在节日中欢聚庆祝的温暖场面和珍贵时刻。

每一款梦幻节日橱窗设计都呈现了一种在爱和浪漫的氛围中尽情庆祝的欢欣场景，并传递出在温馨的家中悠然享受节日的美妙体验。橱窗通过展示一系列细腻唯美的场景画面而描绘出庆祝节日的美好传统和欢愉，其中包括一对亲密爱侣在典型的曼哈顿公寓中订下真挚婚约，如图6-45所示；壁炉外墙上装饰着盛满蒂芙尼蓝色礼盒的圣诞袜子；通往一幢被精心装扮的优美褐色建筑的楼梯，如图6-46所示；积雪覆盖的楼梯尽头的门廊上一只惹人喜爱的蓝色礼盒承载完美礼物等待人们打开来发现其中饱含的无限惊喜，如图6-47所示；以及一间可以俯瞰纽约中央公园和第五大道的公寓，公寓中一颗装饰华丽的圣诞树下堆满了美丽的蒂芙尼蓝色礼盒，如图6-48所示。

图 6-45　真挚婚约橱窗风格

图 6-46　褐色建筑的楼梯

图 6-47　门廊蓝色礼盒

图 6-48　圣诞树下蒂芙尼蓝色礼盒

　　唯美梦幻的节日橱窗设计呈现了令人愉悦的节日庆祝氛围和节日时节中必不可少的经典情景，令亲临目睹梦幻节日橱窗风采的人们尽情陶醉于其所营造的温馨动人的节日景象中。包括珍珠色、铅灰色、古金色和雪白色等以柔和特性为主的色调以及作为基础色调的蒂芙尼蓝皆被融入贯穿于每一个梦幻节日橱窗的设计场景中，为呈现世间最为奢华璀璨的蒂芙尼珠宝创造了极致完美的衬托背景。

（四）伯尔鲁帝（Berluti）

　　伯尔鲁帝引人注目的全新橱窗展示了一些非常有特色的人物：一位有文身的水手和一位身穿睡衣的男士。他们的姿态及造型都充满无限想象力并无比自然，展现了伯尔鲁帝男士的多样性和百变造型。玩味十足的橱窗由以绘画不同男士姿态闻名的西班牙著名插图师乔治·拉韦塔（Jorge Lawerta）操刀设计。

在此次的橱窗设计中，他特地引用了1925年由超现实主义者发明的经典游戏作为设计蓝本，参与者均不能预先观看别人的作品，这款超现实主义游戏的趣味橱窗，完美展示了品牌既重视传统亦不断创新的精神，如图6-49所示。

图 6-49　伯尔鲁帝玩味橱窗

时至今日，伯尔鲁帝的高级定制、成品鞋履和成衣系列，以创新和经典的完美融合奠定了当代的男装美学。对细节的专注、对剪裁和缝制技艺的敬意奠定了伯尔鲁帝的品牌文化。

二、国内品牌橱窗展示

（一）夏姿·陈（SHIATZY CHEN）

夏姿·陈选择与花朵绽放时形态接近的风车，借由不同高低层次与大小的排列组合，疏密有序地盛放在陈列橱窗之中，宛若夏日繁花盛开的美景。

设计师通过在纸风车上印上形色各异的花卉图案与多元色块，将层次丰富而饱满的色彩呈现于人们的眼眸之上，更如同夏日之花绚丽绽放的蓬勃的生命力，如图6-50所示。

图 6-50　夏姿·陈橱窗设计

　　而分布两侧的四面展示区域中分别陈列着夏姿·陈以往四季经典设计印花系列，如图6-51所示。设计师着意选择同款不同色的单品，让视觉的焦点始终集中在服饰的印花上，同时兼具直线条与A型线条的蓬裙，意象呈现出花卉笔直的枝干与饱满的花苞形态，呼应童趣而饱含生命力量的主题。

图 6-51　夏姿·陈四季设计印花系列

　　该空间以"少即是多、古典极简"的设计概念为主轴，利用光影带出明暗变化和层次，创造出丰富多元的空间感。设计灵感源自中国的"山水意境"——由原石切面构成的台面设计、入口两侧的全镜面流水光感展台及台上的山石布置，店铺中古朴的石椅皆呈现出中国宋代的山水意象与时尚色彩。为了精准呈现宋代美学，所有的原石亦由设计师亲自挑选。此外，空间内部运用线条与古色处理的橡木塑造了沉稳温润的氛围，搭配原石的质朴，让极简摩登的空间充溢着中国特有的文质风格。

　　在苏州新光天地中采食茶与夏姿·陈店铺平行环拥，径直走入其中，夏姿·陈每一季都会带来不同主题的静态展，如图6-52所示，夏姿·陈经典的设计元素像引线一般串联历史的长河，也如笔触般幻画出一针一线相知相惜的往事，安静地隐在陈列橱窗中，娓娓道来一段段值得用心灵去品味的故事。

图6-52　夏姿·陈静态展

王陈彩霞女士一直致力于寻找东方美学的比例，她精准地将中国五大绣法中的苏绣应用于品牌主轴，并珍存着四大织锦的历史智慧，从色彩到线条，从雅致到大器，完美地阐释了服装艺术本身，更将诗意的本体滋生于时光的造诣里。静态展勾勒的不仅是沉淀于历史的典雅，拈花于布色浅笑云裳，更是衣襟摇曳在目光中的自信，如图6-53所示。

图6-53　夏姿·陈服饰设计

（二）摩安珂（MO&Co.）

"年轻本身就是一份时尚趣味"，这是时尚界的一个新趋势。无论是历史悠久的国际品牌，还是忽然冒起的新贵潮牌，都推出风格越来越出跳、元素越来越多样的有趣设计，不再死气沉沉，摩安珂也不例外。

摩安珂略带迷幻未来感的摩登东方元素，碰撞简约法式风格，就像一个在巴黎盛放的东方未来都会衣橱，新奇炽热、充满创想，还带点向人讨喜的野心。沿袭摩安珂一贯以来的核心风格概念，酷感与简约、精致与街头的碰撞，率性与优雅融合。在这样的品牌风格上诞生了图6-54中的橱窗设计。块状不规则的白色几何体两两相连，整体酷似一个"大"字，简约而不简单，这样的陈列更是能烘托出服装摩登的东方韵味。

图 6-54　摩安珂橱窗设计

以多元次文化为灵感并以运动元素点亮的街头风格，让人完全无法忽视；另外还加入了波普漫画，图案丰富、个性鲜明，如图6-55所示。这正如当今时尚界的发展趋势，从严肃到浪漫，从煞有介事到不拘一格，融合轻科技、多文化与当代艺术，显示出年轻、率性、无惧束缚，这是寄于时装的幽默趣味与轻奢酷感，以及对当下与未来真切的体会与憧憬。摩安珂希望透过元素丰富的设计，让时尚变得轻松有型、年轻有爱。

概念店的设计充斥着粉色霓虹、樱花图案等东西碰撞的元素，如图6-56所示，透过"你好明天"主题，摩安珂与未来相遇、对话，表达作为中国时装设计界的一份子对未来的美好憧憬，也寓意每个人的美好未来。

图 6-55　摩安珂成衣设计

图 6-56　概念店的陈列设计

（三）太平鸟（PEACEBIRD）

图6-57与图6-58展现的是太平鸟WHAAM体验馆设计，包括其中的橱窗设计部分。橱窗展示以黑、白两色为主调，鲜黄色为点缀，形成极具视觉冲击力的组合设计，复古悬挂的海报错落有致，与服装陈列相互交融，灯光反射的黄光又恰巧烘托出服装主体。同时体验馆以迪士尼的米奇形象作为标志性元素来打造现场的酷炫空间。馆内划分为男装区、童装区以及预售体验区域。

图 6-57　太平鸟 WHAAM 体验馆橱窗设计

可以说，本次展出的太平鸟男装主要以迪士尼的米奇形象作为标志性设计元素，包括一些配饰、摆件，如图6-59、图6-60展现的是太平鸟在2016中国国际服装服饰博览会上的WHAAM体验馆设计。以黑色和白色为基调。产品包括衬衫、T恤、针织衫、裤装以及各式外套等。

图 6-58　太平鸟 WHAAM 体验馆的米老鼠墙面

图 6-59　米奇形象配饰

图 6-60　米奇形象摆件

参考文献

[1] 李正，徐崔春，李玲等. 服装学概论[M]. 第2版. 北京：中国纺织出版社，2014.

[2] 李当岐. 服装学概论[M]. 北京：高等教育出版社，1990.

[3] 林松涛. 成衣设计[M]. 第2版. 北京：中国纺织出版社，2008.

[4] 王晓威. 服装设计风格[M]. 上海：东华大学出版社，2016.

[5] 丰蔚，陈静，林璐. 新成衣设计[M]. 北京：中国水利水电出版社，2012.

[6] 高秀明. 服装十讲：风格·流行·搭配[M]. 第2版. 上海：东华大学出版社，2016.

[7] 黄世明，余云娟. 成衣设计与实训[M]. 沈阳：辽宁美术出版社，2011.

[8] 朱松文，刘静伟. 服装材料学[M]. 第4版. 北京：中国纺织出版社，2010.

[9] 陈彬，彭灏善. 服装色彩设计[M]. 第2版. 上海：东华大学出版社，2012.

[10] 孟昕. 服饰图案设计[M]. 上海：上海人民美术出版社，2016.

[11] 徐雯. 服饰图案[M]. 北京：中国纺织出版社，2000.

[12] 张文斌. 服装工艺学·结构设计分册[M]. 第3版. 北京：中国纺织出版社，2001.

[13] 刘金花. 儿童发展心理学[M]. 修订版. 上海：华东师范大学出版社，2006.

[14] 李超德. 设计美学[M]. 合肥：安徽美术出版社，2004.

[15] 李莉婷. 服装色彩设计[M]. 北京：中国纺织出版社，2000.

[16] 徐青青. 服装设计构成[M]. 北京：中国轻工业出版社，2001.

[17] 郑健等. 服装设计学[M]. 北京：中国纺织出版社，1993.

[18] 包昌法. 服装学概论[M]. 北京：中国纺织出版社，1998.

[19] 黄国松. 色彩设计学[M]. 北京：中国纺织出版社，2001.

[20] 张德兴. 美学探秘[M]. 上海：上海大学出版社，2002.

[21] 沈从文. 中国古代服饰研究[M]. 北京：商务印书馆，2011.

[22] 钟茂兰，范朴. 中国少数民族服饰文化[M]. 北京：中国纺织出版社，2005.

[23] 史蒂文·费尔姆. 国际时装设计基础教程[M]. 陈东维译. 北京：中国青年出版社，2011.

[24] 西蒙·希弗瑞特. 时装设计元素：调研与设计[M]. 袁燕，肖红译. 北京：中国纺织出版社，2009.

[25] 王受之. 世界时装史[M]. 北京：中国青年出版社，2002.

[26] 桑德拉·丁. 凯瑟，麦尔娜·B. 加纳. 美国成衣设计与市场营销完全教程[M]. 白敬艳等译.
    上海：上海人民美术出版社，2009.

[27] 江汝南. 服装电脑绘画教程[M]. 北京：中国纺织出版社，2013.

[28] 陈建辉. 服饰图案设计与应用[M]. 北京：中国纺织出版社，2006.

[29] 李当岐. 西洋服装史[M]. 北京：高等教育出版社，1995.

[30] 王晓威. 服装设计风格鉴赏 [M]. 上海：东华大学出版社，2008.

[31] 丰蔚. 成衣设计项目教学[M]. 北京：中国水利水电出版社，2010.

[32] 李军，张蕾，杨志辉. 女装成衣设计实务[M]. 第2版. 北京：中国纺织出版社，2016.

[33] 弗龙格. 穿着的艺术——服装心理揭秘[M]. 陈孝大译. 南宁：广西人民出版社，1989.